理工学のための

微分方程式

長澤壯之 編著

培風館

本書の無断複写は，著作権法上での例外を除き，禁じられています．
本書を複写される場合は，その都度当社の許諾を得てください．

まえがき

　東北大学の吉野 崇 先生に薦められて，編著者の長澤が吉野先生と共同で「基礎課程 微分方程式」を著したのが1996年のことである．著したものを後になって眺めると，いろいろと手を加えたくなり，培風館の 斎藤 淳 氏に改訂したい旨を伝えた．ちょうど，今春に出版された

- 「理工学のための微分積分」
- 「理工学のための線形代数」

の企画を進めている頃であった．斎藤氏から同シリーズで出版するのはどうかと薦められ，御言葉に甘えることにした．ただし，前掲書の書き換えでなく，新たに書き下ろすものとし，微分方程式を専門とする近隣の研究者仲間を誘って書きあげたものが本書である．その結果，前掲書と比べ内容が充実した感がある．

　微分方程式は，数学の一分野であるとともに，物理現象を解き明かす道具でもある．前掲書では後者についてはほとんど触れていなかったが，本書では，第1, 5, 6, 7章で関連する記述を入れた．

　本書では，大学1年生で学ぶ微分積分学と線形代数学の知識は仮定した．例えば，上に挙げた書籍に書かれている内容である．ただし，本書のほとんどは方程式の係数は複素数でもかまわないように書かれている．したがって，未知関数も一般には複素数値関数 (複素数を独立変数とする関数ではない) である．この方が数学的には取扱いやすいからである．複素数値関数は，通常の微分積分学では学ばないことが多いが，関数を実部と虚部に分けてそれぞれの関数に対して微積分の演算を行えばよいので，実際には実数値関数に対する微分積分学の知識で十分である．その他に，上掲書にない事項をあげておこう．

まず，Euler の公式 $e^{i\theta} = \cos\theta + i\sin\theta$ を用いる．これは，指数関数の Maclaurin 級数 $e^x = \sum_{k=0}^{\infty} \dfrac{x^k}{k!}$ に $x = i\theta$ を代入し（これが $e^{i\theta}$ の定義），級数を実部と虚部に分けると，それぞれが $\cos\theta$ と $\sin\theta$ の Maclaurin 展開になっていることから得られるものである．

定数係数の線形微分方程式を解く際に，行列の指数関数を用いる．その計算には行列を Jordan の標準形に直しておくとよい．Jordan の標準形については，本シリーズの「理工学の線形代数」でも触れたが証明は割愛した．本書でも参考書を脚注にあげるにとどめた．

本書のほとんどは方程式の係数は複素数でもかまわないように書かれ，未知関数も一般には複素数値関数と述べた．一方で，工学上重要な微分方程式は実係数で，解も実数値である事が要求されることが多い．実数値に特化することにより，一般論より細かい議論展開できる部分もある．第 5 章の後半は，このような応用面を想定している．

「基礎課程 微分方程式」より内容を充実させたといっても，微分方程式論のすべてを網羅しているわけではない．とりわけ，級数解法による形式解や，Fourier の方法による偏微分方程式の形式解の収束に関する議論は割愛し，必要に応じて脚注に参考図書をあげた．

また，解の安定性に関する記述も割愛した．解が安定であるとは，例えば同じ方程式の解で初期値が a と b のものを $y(x;a), y(x;b)$ としたとき，a と b が十分近ければ，$y(x;a)$ と $y(x;b)$ も離れないということをいう．ある現象の a が真の値，b が観測値と考える．観測誤差は常に伴うので，$a = b$ は期待できない．実際の現象は $y(x;a)$ であるが，計算で求められるのは $y(x;b)$ になる．このように考えると，解の安定性の有無を調べることの重要性がわかると思う．残念ながら，この部分は本書の範囲を超えるので他書に譲る．

安定性に関する記述がないとはいえ，本書の分量は，半年の講義としての量を超えていると思われる．その分，問や章末問題には，なるべく詳細な解答を付けた．学生自身の学修をある程度想定するならば，半年間での講義に使うことも可能であろう．

最後に毎度のことながら，脱稿の遅れにお付き合いいただいた培風館の方々にお詫びするとともに，無事本書の出版にたどり着けた事に深く御礼申し上げる．

平成 25 年 12 月

著者一同

目　次

1　序　論　　1
  1.1　微分方程式とは　.　1
  1.2　微分方程式の解　.　2
  1.3　正規形の微分方程式と解曲線　.　.　.　.　.　.　.　.　.　.　.　.　.　2
  1.4　初期値問題　.　3
  1.5　現象と微分方程式　.　5
  章末問題 1　.　7

2　1 階の微分方程式　　9
  2.1　変数分離形　.　9
  2.2　同　次　形　.　12
  2.3　1 階線形微分方程式　.　.　.　.　.　.　.　.　.　.　.　.　.　.　.　.　.　.　16
  2.4　正規形の微分方程式　.　.　.　.　.　.　.　.　.　.　.　.　.　.　.　.　.　.　21
  2.5　解の存在と一意性の定理　.　.　.　.　.　.　.　.　.　.　.　.　.　.　.　25
  章末問題 2　.　31

3　線形微分方程式の解の一般的性質　　33
  3.1　1 階連立線形微分方程式　.　.　.　.　.　.　.　.　.　.　.　.　.　.　.　.　33
  3.2　n 階線形微分方程式　.　.　.　.　.　.　.　.　.　.　.　.　.　.　.　.　.　.　42
  章末問題 3　.　46

4　変数係数の 2 階線形微分方程式　　47
  4.1　同次方程式　.　47

4.2　非同次方程式 49
4.3　級数解法 53
章末問題 4 58

5　定数係数の線形微分方程式　59
5.1　定数係数の n 階線形微分方程式 59
5.1.1　解の表示 59
5.1.2　基本解 62
5.1.3　非同次方程式 64
5.2　実係数の 2 階線形微分方程式 75
5.2.1　実係数の 2 階同次微分方程式 76
5.2.2　実係数の 2 階非同次微分方程式 79
章末問題 5 85

6　連立線形微分方程式　87
6.1　連立微分方程式 87
6.2　行列の指数関数 89
6.3　消去法 99
章末問題 6 108

7　偏微分方程式　110
7.1　物理現象と偏微分方程式 110
7.2　変数分離による解法 113
7.3　Fourier 変換による解法 121
章末問題 7 127

問と章末問題の解答　129

索　引　167

1
序　論

1.1 微分方程式とは

未知関数の導関数を含んでいる方程式を **微分方程式** という．微分方程式のうち，独立変数が 1 つのものを **常微分方程式**，2 つ以上あるものを **偏微分方程式** という．

例 1.1 (常微分方程式の例)

(1) $y'(x) = 3y(x)$,
(2) $y''(x) - 2y'(x) - 3y(x) = 0$.

例 1.2 (偏微分方程式の例)

(1) $\dfrac{\partial u}{\partial t}(x,t) = \dfrac{\partial^2 u}{\partial x^2}(x,t)$,
(2) $\dfrac{\partial^2 u}{\partial x^2}(x,y) + \dfrac{\partial^2 u}{\partial y^2}(x,y) = 0$.

例 1.1 の 2 つの常微分方程式は，それぞれ導関数 $y'(x)$ および 2 階導関数 $y''(x)$ を最高階の導関数として含むので，それぞれ 1 階の常微分方程式，2 階の常微分方程式という．一般に，n 階の常微分方程式は適当な関数 F を用いて

$$F\left(x, y(x), y'(x), \cdots, y^{(n)}(x)\right) = 0$$

と書くことができる．

偏微分方程式については，詳しくは第 7 章で述べるが，例 1.2 の 2 つの例は，それぞれ 2 階の偏導関数を最高階の偏導関数として含むので，それぞれ 2 階の偏微分方程式である．以下，この章では常微分方程式についてのみ扱い，単に「微分方程式」と書いた場合は常微分方程式を指すものとする．

1.2 微分方程式の解

微分方程式に対し，それを満たす関数のことを **解** といい，その関数を見つけることを微分方程式を **解く** という。一般に，1つの微分方程式に対して解は1つとは限らず，たくさんある。例えば，例 1.1 の (1) の微分方程式に対して，関数 $e^{3x}, 2e^{3x}, -e^{3x}$ などはすべて解となる。これらの関数の1つ1つを **特殊解** といい，これらをまとめたものを **一般解** という。先の例では，**任意定数** c を用いて ce^{3x} と一般解を表すことができる。n 階の方程式の一般解は，任意定数を n 個含んでいる。

なお，微分方程式の解の中には，一般解では表せない解もあり，このような解を **特異解** という。

例 1.3 実際に関数 $2e^{3x}$ が例 1.1 の (1) の微分方程式の解になっていることを，代入によって確かめてみよう。左辺は，

$$\frac{d(2e^{3x})}{dx} = 2\frac{d(e^{3x})}{dx} = 2 \cdot 3e^{3x} = 6e^{3x}$$

となり，右辺は，

$$3 \cdot 2e^{3x} = 6e^{3x}$$

となる。両辺が一致するので関数 $2e^{3x}$ は確かに解になっていることがわかる。

以下，特に断らない限り式中の $c, c_1, c_2, \cdots$ などは任意定数とする。

問 1.1 次の関数が例 1.1 の (2) の微分方程式の解であることを，代入により確かめよ。

(1) e^{-x},　　(2) e^{3x},　　(3) $c_1 e^{-x} + c_2 e^{3x}$.

1.3 正規形の微分方程式と解曲線

n 階微分方程式が，最高階の導関数 $y^{(n)}$ について解けるとき，

$$y^{(n)}(x) = f\left(x, y(x), \cdots, y^{(n-1)}(x)\right)$$

と表すことができる。これを n 階微分方程式の **正規形** という。

正規形の n 階微分方程式は，新たに未知関数

$$y_1(x) = y(x), y_2(x) = y'(x), \cdots, y_n(x) = y^{(n-1)}(x)$$

を導入すると，常に正規形の連立 1 階微分方程式

$$\begin{cases} y_1'(x) = y_2(x), \\ y_2'(x) = y_3(x), \\ \quad \cdots \\ y_{n-1}'(x) = y_n(x), \\ y_n'(x) = f(x, y_1(x), \cdots, y_n(x)) \end{cases}$$

と書きなおせることに注意する。

正規形の 1 階微分方程式

$$y'(x) = f(x, y(x))$$

を考える。$\phi(x)$ をこの微分方程式の解とする。このとき，xy 平面上の曲線 $y = \phi(x)$ を**解曲線**という。曲線という視点から微分方程式の意味を考えると，位置 x における曲線の傾き $y'(x)$ が座標 (x, y) における f の値 $f(x, y)$ によって決まっている，と理解することができる。

問 1.2 2 階の微分方程式 $y''(x) - 2y'(x) - 3y(x) = 0$ を正規形の連立 1 階微分方程式に書きなおせ。

1.4 初期値問題

これまで述べたように，微分方程式の一般解は任意定数を含んでおり，1 つに定まらない。ここで，解に対しある条件を課すことにより，解が 1 つに定まることがある。ここでは，その種の条件のうち，初期条件と呼ばれる条件を課した初期値問題について述べる。

n 階微分方程式

$$F\left(x, y(x), y'(x), \cdots, y^{(n)}(x)\right) = 0$$

に対して，$x = a$ における n 個の条件

$$y(a) = b_1, \quad y'(a) = b_2, \cdots, \quad y^{(n-1)}(a) = b_n$$

($b_1, b_2, \cdots, b_n$ は定数) を **初期条件** といい，初期条件を満たす解を求める問題を **初期値問題** という。また，$b_1, b_2, \cdots, b_n$ を **初期値** という。一般に，n 階微分方程式の一般解は n 個の任意定数を含むが，初期条件の n 個の式に一般解を代入することにより，任意定数に関する連立方程式が得られる。これを解くことができれば，解を 1 つに定めることができる。

例 1.4 微分方程式 $y'(x) = 3y(x)$ に初期条件

$$y(0) = 4$$

を課した初期値問題の解を求める。

この微分方程式の一般解は $y(x) = ce^{3x}$ であるから，これを初期条件に代入すると，

$$ce^0 = 4$$

となる。よって，$c = 4$ となるので初期値問題の解は $y(x) = 4e^{3x}$ である。

例 1.5 微分方程式 $y''(x) - 2y'(x) - 3y(x) = 0$ に初期条件

$$y(0) = 3, \quad y'(0) = 5$$

を課した初期値問題の解を求める。

この微分方程式の一般解は問 1.1 の (3) より $y(x) = c_1 e^{-x} + c_2 e^{3x}$ であるから，これを初期条件に代入して式を整理すると，

$$c_1 + c_2 = 3, \quad -c_1 + 3c_2 = 5$$

となる。これを解くと，$c_1 = 1, c_2 = 2$ となるので初期値問題の解は $y(x) = e^{-x} + 2e^{3x}$ である。

問 1.3 微分方程式 $y''(x) + y(x) = 0$ の一般解が $y(x) = c_1 \cos x + c_2 \sin x$ であることを代入により確かめよ。さらに，初期値問題

$$\begin{cases} y''(x) + y(x) = 0, \\ y(0) = 1, \quad y'(0) = 0 \end{cases}$$

の解を求めよ。

1.5 現象と微分方程式

微分方程式は，微積分学の発見とともに自然現象を理解する手段として利用されてきた．今日でも，自然科学や工学，社会科学など多くの分野において，様々な現象が微分方程式として定式化され，現象の理解や予測に利用されてきている．ここでは，現象と関係した簡単な微分方程式の例を紹介する．

例 1.6 (放射性物質の崩壊) 放射性物質は，単位時間あたりに一定の割合で崩壊することが知られている．この法則を数式で表してみると，

$$\frac{dy}{dt}(t) = -ky(t)$$

となる．ここで，$y(t)$ は時刻 t における放射性物質の量とし，正の定数 k は単位時間あたりに崩壊する放射性物質の割合を表すとする．

この微分方程式の一般解は $y(t) = ce^{-kt}$ で与えられる．初期時刻 t_0 で初期値 y_0 をもつ解は，

$$y(t) = y_0 e^{-k(t-t_0)}$$

で与えられる．つまり，放射性物質は指数関数的に減少していくことがわかる．

放射性物質の **半減期** を求めてみよう．半減期とは，放射性物質の量が半分になるまでの経過時間である．半減期を T とおくと，$y(t_0 + T) = y_0/2$ であるから

$$\frac{y_0}{2} = y_0 e^{-k(t_0+T-t_0)} = y_0 e^{-kT}.$$

よって，

$$T = \frac{\log 2}{k}$$

となる．つまり，半減期は放射性物質の初期の量 y_0 や初期時刻 t_0 には無関係であり，崩壊の割合を表す定数 k のみで決まり，一定であることがわかる．

例 1.7 (人口論・生物モデル) ここでは生物の量の増減を記述する 2 つの微分方程式を紹介する．まず 1 つめは **Malthus(マルサス) の法則** に則った微分方程式

$$\frac{du}{dt}(t) = au(t)$$

である (以下，Malthus の方程式と呼ぶ)．ここで，a は定数で生物の増殖率，$u(t)$ は時刻 t における生物の量を表すとする．

Malthus の法則とは，生物 (例えば人間) の出生率・死亡率はその生物の総

量に比例する，という法則である．このような仮定は，資源・食糧などが十分にあり，生物の生息環境が一定に保たれている場合に成立すると考えられている．この仮定が成立する場合，単位時間当たりの出生量，死亡量は $u(t)$ に比例することになり，その比例定数をそれぞれ k_1, k_2 とすると，

$$\frac{du}{dt}(t) = k_1 u(t) - k_2 u(t)$$

という微分方程式が得られる．ここで，$a = k_1 - k_2$ とおけば Malthus の方程式となる．

この微分方程式の一般解は $u(t) = ce^{at}$ で与えられる．これより，$a > 0$，つまり，出生率が死亡率より大きい場合は生物の総量は指数関数的に増大し，$a = 0$ の場合は一定値，$a < 0$ の場合は指数関数的に減少することがわかる．

$a > 0$ の場合を考えてみよう．この場合，生物量が指数関数的に増大するが，初期状態に比べ生物量が十分に大きくなった場合でも，Malthus の法則の前提は成立すると考えられるだろうか．例えば，生物量が増大した結果，資源・食糧などが不十分になり，その結果，増殖率に抑制がかかる，ということが考えられる．このように，法則の前提条件が変わる場合，それにしたがって方程式を修正することが必要である．増殖率の抑制の例として，増殖率が u に比例して低下する状況を考える．つまり，b を正の定数として，増殖率を $a - bu$ とすると，**ロジスティック方程式**

$$\frac{du}{dt}(t) = (a - bu(t))u(t)$$

が得られる．

この方程式の解は，

$$u(t) = 0, \quad \frac{ae^{at}}{be^{at} + c}$$

で与えられる．解 $u(t) = 0$ は生物がいないことを表しているので，ここでは $u(t) \neq 0$ の解を考える．この場合，

$$\lim_{t \to \infty} u(t) = \lim_{t \to \infty} \frac{ae^{at}}{be^{at} + c} = \frac{a}{b}$$

であり，生物量は制限なく増大することなく，一定値 a/b に近づくことがわかる．

例 1.8 (バネの振動) 水平な台の上に，一端が固定されたバネがあり，もう一方の端に質量 m のおもりがついている状況を考える。おもりを引っ張り離すとおもりが振動するが，このときおもりには，台との接触による摩擦力と，バネによる復元力がかかる。今，簡単のため摩擦力が無視できると仮定する。バネによる復元力は，バネの伸びを x とすると，Hooke(フック)の法則から，$-kx$ となる。よって，Newton(ニュートン)の運動方程式は，

$$m\frac{d^2x}{dt^2}(t) = -kx(t)$$

となる。この方程式の一般解は，

$$x(t) = c_1 \cos\sqrt{\frac{k}{m}}t + c_2 \sin\sqrt{\frac{k}{m}}t$$

で与えられる。三角関数の合成より，上の式は

$$x(t) = A\sin\left(\sqrt{\frac{k}{m}}t + \theta\right),$$

$$\left(A = \sqrt{c_1^2 + c_2^2},\quad \tan\theta = \frac{c_1}{c_2}\right)$$

と書きなおせる。つまり，おもりは，振幅 A，周期 $2\pi\sqrt{m/k}$ の振動をすることが分かる (このように，1つの sin 関数あるいは cos 関数で表される振動を **調和振動** という)。

章末問題 1

1 次の関数が微分方程式

$$\frac{du}{dt}(t) = u(t)(1-u(t))$$

の解であることを，代入により確かめよ。

(1) 1,

(2) $\dfrac{ce^t}{ce^t+1}$.

2 微分方程式 $y'(x) + 2xy(x) = 6x$ を考える。次の問に答えよ。

(1) 一般解が $y(x) = ce^{-x^2} + 3$ であることを代入により確かめよ。

(2) この微分方程式に初期条件
$$y(1) = 2$$
を課した初期値問題の解を求めよ。

3 微分方程式 $y'''(x) - 4y'(x) = 0$ を考える。次の問に答えよ。

(1) 一般解が $y(x) = c_1 + c_2 e^{2x} + c_3 e^{-2x}$ であることを代入により確かめよ。

(2) この微分方程式に初期条件
$$y(0) = 2, \quad y'(0) = -10, \quad y''(0) = 4$$
を課した初期値問題の解を求めよ。

2
1階の微分方程式

　この章では，1階の微分方程式を扱う。前半と後半で内容が大きく異なる。前半 2.1 節から 2.3 節までは，初学者向けの内容で，初等的な方法 (求積法) によって解くことのできる 1 階微分方程式の代表的なタイプについて解説する。後半 2.4 節と 2.5 節は，理論的な内容で，解の存在と一意性に関する定理を解説する。未知関数が $y(x)$ の場合，その導関数は $y'(x)$ であるが，2.3 節までは慣例に従い y, y' で表すことがある。初等的解法 (求積法) では，y を独立変数として積分することがあるからである。2.4 節以降では，(x) を略さずに書き表わす。

2.1　変数分離形

定義 2.1 微分方程式が
$$y' = f(x)g(y) \tag{2.1}$$
という形で表されるとき，**変数分離形**という。ここで，$f(x)$ は既知関数，$g(y)$ は既知関数 g に未知関数 $y(x)$ を合成したものである。すなわち，(x) を略さずに書けば，$y'(x) = f(x)g(y(x))$ である。

　変数分離形の微分方程式 (2.1) について考える。

　まず，$g(y) \neq 0$ のとき，
$$\frac{dy}{dx} = f(x)g(y)$$
の両辺を $g(y)$ で割って，x で積分すると，
$$\int \frac{1}{g(y)} \frac{dy}{dx}\, dx = \int f(x)\, dx$$

となる．左辺の積分について，積分変数を x から y に置換すると，

$$\int \frac{1}{g(y)}\,dy = \int f(x)\,dx \tag{2.2}$$

を得る．この式 (2.2) の積分を計算すれば，微分方程式 (2.1) の解が求まる．不定積分は定数を加えられるという任意性を含んでいるので，(2.2) を実際に計算すると任意定数を一つ含んだものが得られる．これを**一般解**という．

次に，$g(y) = 0$ となる y が存在するときを考える．$g(a) = 0$ を満たす a に対し，定数関数 $y \equiv a$ は，明らかに微分方程式 (2.1) の解である．これを**自明解**という．この解は，$g(y) \neq 0$ のときの解 (2.2) の任意定数 c をうまく選んで，その解の中に含めることができる場合もあれば，そうでない場合もある．一般解で表せないような解を**特異解**という．

注意 2.1 自明解 $y \equiv a$ (ただし，$g(a) = 0$) でない解 $y(x)$ が，ある x_0 で $y(x_0) = a$ となる可能性はある．しかし，初期条件に対する解の一意性が保証されれば，$y(x_0) = a$ を満たすような微分方程式 (2.1) の解は，$y \equiv a$ に限られることがわかる．つまり，解 $y(x)$ がある x_1 で $g(y(x_1)) \neq 0$ であれば，任意の x で $g(y(x)) \neq 0$ となるのである．初期条件に対する解の一意性については，本章後半で解説する．

例 2.1 微分方程式

$$y' = 2xy(y-1) \tag{2.3}$$

を解くことを考える．

まず，定数関数 $y \equiv 0$ と $y \equiv 1$ は，解であることがわかる．

$y \neq 0, 1$ のとき，微分方程式 (2.3) から，

$$\int \frac{dy}{y(y-1)} = \int 2x\,dx$$

を得る．ここで，

$$\int \frac{dy}{y(y-1)} = \int \left(\frac{1}{y-1} - \frac{1}{y} \right) dy = \log\left|\frac{y-1}{y}\right| + c_1$$

$$\int 2x\,dx = x^2 + c_2$$

であるから，$c_2 - c_1$ を c_3 とおくと，

$$\log\left|\frac{y-1}{y}\right| = x^2 + c_3$$

となる．c_3 は任意定数である．したがって，

2.1 変数分離形

$$\left|\frac{y-1}{y}\right| = e^{x^2+c_3}$$

となり，絶対値をはずすと，

$$\frac{y-1}{y} = \pm e^{c_3} e^{x^2} = ce^{x^2}$$

となる。ここで，$\pm e^{c_3} = c$ とおいた。よって，$c \neq 0$ である。一方，$y \equiv 1$ が解であった。これが $c = 0$ の場合に相当する。よって，c は，0 を含む任意の定数に選ぶことができる。上式を y について解くと，

$$y = \frac{1}{1 - ce^{x^2}}$$

となる。

以上より，微分方程式 (2.3) の解は，c を任意定数として，

$$y = \frac{1}{1 - ce^{x^2}} \quad \text{または} \quad y \equiv 0$$

である。

問 2.1 次の微分方程式を解け。

(1) $y' = e^{2x-3y}$,
(2) $y' = x^2 y^2$.

微分方程式が，

$$y' = f(ax + by) \quad (b \neq 0) \tag{2.4}$$

の形で表されるとき，未知関数の置き換えによって，変数分離形の微分方程式に帰着することができる。

$u(x) = ax + by(x)$ とおくと，

$$y' = \frac{u' - a}{b}$$

であるから，微分方程式 (2.4) に代入すると，

$$\frac{u' - a}{b} = f(u)$$

となる。したがって，

$$u' = bf(u) + a \tag{2.5}$$

が得られ，x の関数 u についての変数分離形の微分方程式となる。

例 2.2 微分方程式
$$y' = \frac{x - 2y + 1}{2x - 4y + 3} \tag{2.6}$$
を考える。

$u = x - 2y$ とおくと, $y' = \dfrac{1 - u'}{2}$ であるから, 微分方程式 (2.6) は,
$$\frac{1 - u'}{2} = \frac{u + 1}{2u + 3}$$
となる。よって,
$$u' = 1 - \frac{2(u+1)}{2u + 3} = \frac{1}{2u + 3}$$
となり,
$$\int (2u + 3)\, du = \int dx$$
を得る。これを解くと,
$$u^2 + 3u = x + c$$
になるから, $u = x - 2y$ を代入して, 整理すると
$$x^2 - 4xy + 4y^2 + 2x - 6y = c$$
が得られ, これが微分方程式 (2.6) の解である。ここで, c は任意定数である。

注意 2.2 一般に微分方程式の解は $y = g(x)$ の形で表示できるとは限らない。解を求める際, 陰関数表示, すなわち, ある関数 G があって, $G(x, y) = 0$ の形まで求めることができても, $y = g(x)$ の形に変形することが難しい場合がしばしばある。このときは, 陰関数表示された式 $G(x, y) = 0$ で解を表すものとする。

問 2.2 微分方程式 $y' = \cos^2(x - y)$ を解け。

2.2 同次形

定義 2.2 微分方程式が
$$y' = f\left(\frac{y}{x}\right) \tag{2.7}$$
の形で表されるとき, **同次形**という。

同次形 (2.7) も変数分離形に帰着することができる。
$$u(x) = \frac{y(x)}{x} \quad \text{すなわち} \quad y(x) = xu(x)$$

2.2 同次形

と変換する。$y' = u + xu'$ であるから，微分方程式 (2.7) は，
$$u + xu' = f(u)$$
となる。したがって，
$$u' = \frac{f(u) - u}{x} \tag{2.8}$$
が得られ，x の関数 u に関する変数分離形の微分方程式に帰着される。

例 2.3 微分方程式
$$y' = \frac{2xy}{y^2 - x^2} \tag{2.9}$$
を考える。

微分方程式 (2.9) は，
$$y' = \frac{2\dfrac{y}{x}}{\left(\dfrac{y}{x}\right)^2 - 1}$$
と変形できるので，同次形である。そこで，$u = \dfrac{y}{x}$ とおくと，
$$u + xu' = \frac{2u}{u^2 - 1}$$
となり，
$$xu' = \frac{2u}{u^2 - 1} - u = \frac{3u - u^3}{u^2 - 1} \tag{2.10}$$
となる。変数分離形になっているので，$3u - u^3 \neq 0$ のとき
$$\int \frac{u^2 - 1}{3u - u^3} du = \int \frac{dx}{x}$$
が得られる。よって，
$$-\frac{1}{3} \log|3u - u^3| = \log|x| + c_1$$
となり，
$$\log|x^3(3u - u^3)| = -3c_1$$
となるので
$$x^3(3u - u^3) = \pm e^{-3c_1}$$
を得る。ここで，c_1 は任意定数である。$u = \dfrac{y}{x}$ を代入すると，

$$y(3x^2 - y^2) = \pm e^{-3c_1} \tag{2.11}$$

という解を得る。さらに，変数分離形の微分方程式 (2.10) において，$3u-u^3 = 0$ の場合を考えると，$u \equiv 0, \pm\sqrt{3}$ すなわち，$y \equiv 0, \pm\sqrt{3}x$ も解であることがわかる。このことを，解 (2.11) に加味すると，c を任意定数として，

$$y(3x^2 - y^2) = c$$

が微分方程式 (2.9) の解となる。

問 2.3 微分方程式 $y' = \dfrac{y}{x} + \dfrac{x}{y}$ を解け。

微分方程式

$$y' = f\left(\frac{px + qy + k}{rx + sy + \ell}\right) \quad (ps - qr \neq 0) \tag{2.12}$$

は，同次形の微分方程式に帰着できる。

注意 2.3 $ps - qr = 0$ のときは微分方程式 (2.12) は，微分方程式 (2.4) の形であることに注意する。

まず，$ps - qr \neq 0$ であるから，(a,b) の連立一次方程式

$$\begin{cases} pa + qb + k = 0, \\ ra + sb + \ell = 0 \end{cases}$$

の解 (a,b) がただひとつ存在する。ここで，

$$\begin{cases} u = x - a \\ v = y - b \end{cases}$$

とおくと，$\dfrac{du}{dx} = \dfrac{dy}{dv} = 1$ ゆえ，

$$y' = \frac{dy}{dx} = \frac{dy}{dv}\frac{dv}{du}\frac{du}{dx} = \frac{dv}{du}$$

である。また，

$$\begin{cases} px + qy + k = pu + qv, \\ rx + sy + \ell = ru + sv \end{cases}$$

となる。したがって，微分方程式 (2.12) は，

$$\frac{dv}{du} = f\left(\frac{pu + qv}{ru + sv}\right) \tag{2.13}$$

2.2 同次形

となり，u の関数 v についての同次形の微分方程式となる。

例 2.4 微分方程式
$$y' = \frac{2x - y - 3}{x + y - 3} \tag{2.14}$$
を考える。まず，連立一次方程式
$$\begin{cases} 2a - b - 3 = 0, \\ a + b - 3 = 0 \end{cases}$$
の解は，$(a, b) = (2, 1)$ である。そこで，
$$\begin{cases} u = x - 2, \\ v = y - 1 \end{cases}$$
とおくと，微分方程式 (2.14) は，
$$\frac{dv}{du} = \frac{2u - v}{u + v} \tag{2.15}$$
となり，同次形になる。$w = \dfrac{v}{u}$ とおくと，微分方程式 (2.15) は，
$$w + u\frac{dw}{du} = \frac{2 - w}{1 + w}$$
となり，
$$u\frac{dw}{du} = \frac{2 - 2w - w^2}{1 + w} \tag{2.16}$$
となる。よって，
$$\int \frac{1 + w}{2 - 2w - w^2} dw = \int \frac{du}{u}$$
を得る。これを解くと，
$$-\frac{1}{2} \log |2 - 2w - w^2| = \log |u| + c_1$$
であるから，解
$$\log |u^2(2 - 2w - w^2)| = -2c_1$$
が得られる。ここで，c_1 は任意定数である。変数分離形の微分方程式 (2.16) において，$w \equiv -1 \pm \sqrt{3}$ も解であることに注意すると，c を任意の定数として，
$$u^2(2 - 2w - w^2) = c$$

が解となる。これを，u, v の関係式になおすと，
$$2u^2 - 2uv - v^2 = c$$
となり，さらに x, y の関係式になおすと，
$$2(x-2)^2 - 2(x-2)(y-1) - (y-1)^2 = c$$
となって，これが微分方程式 (2.14) の解である。

問 2.4 微分方程式 $y' = \dfrac{x - 2y + 3}{2x + y + 1}$ を解け。

2.3　1階線形微分方程式

定義 2.3 微分方程式が
$$y' + p(x)y = q(x) \tag{2.17}$$
の形で表されるとき，**1階線形微分方程式**という。このうち，$q(x) \equiv 0$ であるものを**同次形**といい，$q(x) \not\equiv 0$ であるものを**非同次形**という。

まず，同次形の場合を考える。微分方程式
$$y' + p(x)y = 0 \tag{2.18}$$
は，変数分離形であるので，c を任意定数として，
$$y = ce^{-\int p(x)\,dx} \tag{2.19}$$
と解くことができる。よって，$ye^{\int p(x)\,dx} = c$ である。これを x で微分すると，
$$(y' + p(x)y)\,e^{\int p(x)\,dx} = 0$$
となり，(2.18) の両辺に $e^{\int p(x)\,dx}$ を掛けた形になる。

次に非同次形の場合を考える。同次形の場合と同様に (2.17) の両辺に $e^{\int p(x)\,dx}$ を掛けると，
$$\left(ye^{\int p(x)\,dx}\right)' = e^{\int p(x)\,dx} q(x)$$
が得られる。これを積分して，両辺に $e^{-\int p(x)\,dx}$ を掛けると，
$$y = e^{-\int p(x)\,dx} \int e^{\int p(x)\,dx} q(x)\,dx \tag{2.20}$$
となる。これが非同次形1階線形微分方程式 (2.17) の解である。

2.3　1階線形微分方程式

注意 2.4 関数 f の不定積分の変数が x であることを強調して，$\int^x f(\xi)\,d\xi$ と書き，積分定数という不定性が表れることを強調して $+c$ で表す．これら記号を用いて，(2.20) を正確に書けば，

$$y(x) = e^{-\int^x p(\xi)d\xi}\left(\int^x e^{\int^\xi p(\eta)\,d\eta}q(\xi)\,d\xi + c\right)$$

である．ここで c は任意定数である．したがって，(2.20) の $\int$ の前後の $e^{-\int p(x)\,dx}$ と $e^{\int p(x)\,dx}$ を約分して，

$$y = e^{-\int p(x)dx}\int e^{\int p(x)dx}q(x)\,dx = \int q(x)\,dx$$

などとしてはいけない．

例 2.5 微分方程式

$$y' + 2xy = xe^{x^2} \tag{2.21}$$

を考える．

左辺の y の係数 $2x$ の不定積分は積分定数を除くと x^2 である．これを指数とする指数関数 e^{x^2} を (2.21) の両辺に掛けて，左辺を積の微分公式を用いると，

$$(ye^{x^2})' = xe^{2x^2}$$

となる．したがって，c を任意定数として，

$$ye^{x^2} = \int xe^{2x^2}dx = \frac{1}{4}e^{2x^2} + c$$

となるから，

$$y = \frac{1}{4}e^{x^2} + ce^{-x^2}$$

が微分方程式 (2.21) の解となる．

$y(x)e^{\int p(x)\,dx} = u(x)$ とおくと上の解法は (2.17) の解 $y(x)$ を $y(x) = u(x)e^{-\int p(x)\,dx}$ の形で求めたことになる．これは，対応する同次方程式 (2.18) の一般解 $ce^{-\int p(x)\,dx}$ の定数 c を値が変化しうる関数 $u(x)$ に置き換えた形である．それゆえ，この解法を **定数変化法** といい，(2.20) を **定数変化公式** という．定数変化法，定数変化公式は1階の線形方程式に限らず，連立線形方程式や高階の線形方程式にも対応するものが存在する．それらについては，第3～6章で学ぶ．

(2.20) を定数変化法をより強く意識させる方法で導いてみよう．まず，同次形の微分方程式 (2.18) の解は，

$$y = ce^{-\int p(x)dx}$$

で与えられた。ここで，任意定数 c を x の関数 $u(x)$ に置き換えて

$$y = u(x)e^{-\int p(x)dx} \tag{2.22}$$

とする。これを微分すると，

$$\begin{aligned} y' &= u'(x)e^{-\int p(x)dx} - p(x)u(x)e^{-\int p(x)dx} \\ &= u'(x)e^{-\int p(x)dx} - p(x)y \end{aligned} \tag{2.23}$$

となる。この式 (2.23) を微分方程式 (2.17) に代入すると，

$$u'(x)e^{-\int p(x)dx} = q(x),$$

すなわち，

$$u'(x) = q(x)e^{\int p(x)dx}$$

となる。したがって，c を任意定数として，

$$u(x) = \int q(x)e^{\int p(x)dx} dx \tag{2.24}$$

が得られ，これを (2.22) に代入すると，

$$y = e^{-\int p(x)dx} \int q(x)e^{\int p(x)dx} dx \tag{2.25}$$

を得る。これは，最初の方法の解 (2.20) と同じものである。

例 2.6 先の例の微分方程式

$$y' + 2xy = xe^{x^2} \tag{2.26}$$

を定数変化法で解いてみよう。

$y' + 2xy = 0$ を解くと，c を任意定数として，$y = ce^{-x^2}$ が得られる。そこで，(2.26) の解を

$$y = u(x)e^{-x^2} \tag{2.27}$$

とおくことにより，

$$y' = u'(x)e^{-x^2} - 2xu(x)e^{-x^2} = u'(x)e^{-x^2} - 2xy$$

となる。よって，式 (2.26) から，

$$u'(x) = xe^{x^2}e^{x^2} = xe^{2x^2}$$

となり，c を任意定数とすると，

2.3 1階線形微分方程式

$$u(x) = \int xe^{2x^2}dx = \frac{1}{4}e^{2x^2} + c \tag{2.28}$$

を得る。この式 (2.28) を (2.27) に代入すると，

$$y = \frac{1}{4}e^{x^2} + ce^{-x^2}$$

が微分方程式 (2.26) の解となり，同じ結果を得る。

問 2.5 次の微分方程式を解け。

(1) $y' + 3y = e^{2x}$,
(2) $y' + \dfrac{y}{x} = x^2$.

1階線形微分方程式に帰着できる微分方程式をあげよう。

定義 2.4 微分方程式が

$$y' + p(x)y = q(x)y^k \quad (k \neq 0, 1) \tag{2.29}$$

の形に表されるものを，**Bernoulli** (ベルヌーイ) の微分方程式という。

注意 2.5 上記の微分方程式で，$k = 0, 1$ のときは1階線形微分方程式に他ならない。

Bernoulli の微分方程式 (2.29) を解くことを考えよう。まず，$k > 0$ のときは，$y \equiv 0$ は解であることに注意する。

そこで，$y \neq 0$ のとき，両辺を y^k で割ると，

$$y^{-k}y' + p(x)y^{1-k} = q(x) \tag{2.30}$$

となる。ここで，$u = y^{1-k}$ とおくと，$u' = (1-k)y^{-k}y'$ となるので，これらを微分方程式 (2.30) に代入すると，

$$u' + (1-k)p(x)u = (1-k)q(x) \tag{2.31}$$

となる。これは x の関数 u についての1階線形微分方程式である。

例 2.7 Bernoulli の微分方程式

$$y' + y = e^x y^3 \tag{2.32}$$

を解いてみよう。

まず，$y \equiv 0$ は解である。

次に，$y \neq 0$ のとき，両辺を y^3 で割ると，

$$y^{-3}y' + y^{-2} = e^x \tag{2.33}$$

となる。$u = y^{-2}$ とおくと，$u' = -2y^{-3}y'$ となるので，これらを式 (2.33) に代入すると，

$$u' - 2u = -2e^x \tag{2.34}$$

となる。1 階線形微分方程式の解の公式 (2.20) に当てはめると，

$$\begin{aligned} u &= e^{\int 2dx} \int -2e^x e^{-\int 2dx} dx \\ &= e^{2x} \int (-2e^x) e^{-2x} dx \\ &= e^{2x} \int (-2e^{-x}) dx \\ &= e^{2x}(2e^{-x} + c) \\ &= 2e^x + ce^{2x} \end{aligned} \tag{2.35}$$

を得る。ここで，c は任意定数である。したがって，$u = y^{-2}$ を式 (2.35) に代入すると，微分方程式 (2.32) の解は，

$$y^2(2e^x + ce^{2x}) = 1 \quad \text{または} \quad y \equiv 0$$

となる。

問 2.6 微分方程式 $y' + y = 2e^{-x}y^2$ を解け。

最後に，特殊解が見つかれば Bernoulli の微分方程式に帰着できる微分方程式を挙げよう。

定義 2.5 微分方程式が

$$y' + p(x)y + q(x)y^2 = r(x) \tag{2.36}$$

の形で表されるものを **Riccati (リッカチ) の微分方程式**という。

微分方程式 (2.36) の解 $y_1(x)$ がひとつ見つかったとしよう。$u = y - y_1$ とおくと，$y = u + y_1$ で，これを式 (2.36) に代入すると，

$$(u + y_1)' + p(x)(u + y_1) + q(x)(u + y_1)^2 = r(x)$$

となる。y_1 が微分方程式 (2.36) の解であることに注意すると，

$$u' + (p(x) + 2q(x)y_1(x))u + q(x)u^2 = 0 \tag{2.37}$$

となる。これより，u は Bernoulli の微分方程式の解である。

2.4 正規形の微分方程式

例 2.8 微分方程式
$$y' - (2x-1)y + (x-1)y^2 = -x \tag{2.38}$$
を考える。

$y_1(x) \equiv 1$ は，
$$y_1' - (2x-1)y_1 + (x-1)y_1^2 = 0 - (2x-1) + (x-1) = -x$$
を満たすから，微分方程式 (2.38) の特殊解である。$u = y - y_1$ とおくと，$y = u + 1$ で，これを式 (2.38) に代入すると，
$$(u+1)' - (2x-1)(u+1) + (x-1)(u+1)^2 = -x$$
となる。これを整理すると，
$$u' - u = (1-x)u^2 \tag{2.39}$$
となり，u は Bernoulli の微分方程式の解である。そこで，$v = \dfrac{1}{u}$ とおくと，微分方程式 (2.39) は，
$$v' + v = x - 1$$
となり，これは1階線形微分方程式である。これを解くと，c を任意定数として，
$$v = ce^{-x} + x - 2$$
となる。u の式で表すと，
$$u = \frac{1}{ce^{-x} + x - 2}$$
であるから，
$$y = 1 + \frac{1}{ce^{-x} + x - 2}$$
が微分方程式 (2.38) の解である。

問 2.7 次の Riccati の微分方程式を考える。
$$y' + (2xe^{-x} + 1)y - e^{-x}y^2 = x^2 e^{-x} + x + 1$$

(1) $y_1(x) = x$ は解であることを確かめよ。
(2) 上記の微分方程式を解け。

2.4 正規形の微分方程式

この節では，微分方程式の基本事項について解説する。1章でも述べたが，正規形の微分方程式について，改めて定義しよう。

定義 2.6 開集合 $D \subset \mathbb{R} \times \mathbb{R}^n$ 上で定義された関数 $f_i : D \to \mathbb{R}$ ($i = 1, 2, \cdots, n$) は連続であるとする．このとき，x を独立変数とする未知関数 $y_1(x)$，$y_2(x), \cdots, y_n(x)$ に関する次の形の連立 1 階微分方程式

$$\begin{cases} y_1'(x) = f_1(x, y_1(x), \cdots, y_n(x)), \\ y_2'(x) = f_2(x, y_1(x), \cdots, y_n(x)), \\ \quad \vdots \\ y_n'(x) = f_n(x, y_1(x), \cdots, y_n(x)) \end{cases} \quad (2.40)$$

を連立 1 階微分方程式の**正規形**という．

定義 2.7 開集合 $D \subset \mathbb{R} \times \mathbb{R}^n$ 上で定義された関数 $f : D \to \mathbb{R}$ は連続であるとする．x を独立変数とする未知関数 $y(x)$ に関する次の形の n 階微分方程式

$$y^{(n)}(x) = f(x, y(x), \cdots, y^{(n-1)}(x)) \quad (2.41)$$

を n 階微分方程式の **正規形** という．

正規形の n 階微分方程式 (2.41) は，新たに未知関数

$$y_1(x) = y(x), y_2(x) = y'(x), \cdots, y_n(x) = y^{(n-1)}(x) \quad (2.42)$$

を定めると，正規形の連立 1 階微分方程式

$$\begin{cases} y_1'(x) = y_2(x), \\ y_2'(x) = y_3(x), \\ \quad \vdots \\ y_{n-1}'(x) = y_n(x), \\ y_n'(x) = f_n(x, y_1(x), \cdots, y_n(x)) \end{cases}$$

に帰着される．

正規形の微分方程式 (2.40) は，ベクトル記号を用いることにより，記述が簡単になる．すなわち，

$$\boldsymbol{y}(x) = \begin{pmatrix} y_1(x) \\ y_2(x) \\ \vdots \\ y_n(x) \end{pmatrix}, \quad \boldsymbol{y}'(x) = \begin{pmatrix} y_1'(x) \\ y_2'(x) \\ \vdots \\ y_n'(x) \end{pmatrix}, \quad \boldsymbol{f}(x, \boldsymbol{y}) = \begin{pmatrix} f_1(x, \boldsymbol{y}) \\ f_2(x, \boldsymbol{y}) \\ \vdots \\ f_n(x, \boldsymbol{y}) \end{pmatrix}$$

とおくと，微分方程式 (2.40) は，

2.4 正規形の微分方程式

$$\boldsymbol{y}'(x) = \boldsymbol{f}(x, \boldsymbol{y}(x)) \tag{2.43}$$

と表される．ここで，$\boldsymbol{y}, \boldsymbol{f}$ はベクトル値関数である．

ここまで，実変数の実数値関数に関する微分方程式について考えてきたが，実変数の複素数値関数に関する微分方程式を考えることもある．そのような微分方程式は，次章で現れる．開集合 $D \subset \mathbb{R} \times \mathbb{C}^n$ 上で定義された複素数値関数 $f_j : D \to \mathbb{C}$ $(j = 1, 2, \cdots, n)$ は連続であるとし，x を独立実変数とする未知の複素数値関数 $z_1(x), z_2(x), \cdots, z_n(x)$ に関する正規形の連立 1 階微分方程式

$$\begin{cases} z_1'(x) = f_1(x, z_1(x), \cdots, z_n(x)), \\ z_2'(x) = f_2(x, z_1(x), \cdots, z_n(x)), \\ \quad \vdots \\ z_n'(x) = f_n(x, z_1(x), \cdots, z_n(x)) \end{cases} \tag{2.44}$$

を考える．複素数 z の実部と虚部をそれぞれ $\mathrm{Re}\, z, \mathrm{Im}\, z$ で表す．$j = 1, 2, \cdots, n$ に対し，x の関数を $u_j(x) = \mathrm{Re}\, z_j(x), v_j(x) = \mathrm{Im}\, z_j(x)$ とおき，

$$g_j(x, u_1, \cdots, u_n, v_1, \cdots, v_n) = \mathrm{Re}\,(f_j(x, u_1 + iv_1, \cdots, u_n + iv_n)),$$
$$h_j(x, u_1, \cdots, u_n, v_1, \cdots, v_n) = \mathrm{Im}\,(f_j(x, u_1 + iv_1, \cdots, u_n + iv_n))$$

と定めると，微分方程式 (2.44) は，

$$\begin{cases} u_1'(x) = g_1(x, u_1(x), \cdots, u_n(x), v_1(x), \cdots, v_n(x)), \\ \quad \vdots \\ u_n'(x) = g_n(x, u_1(x), \cdots, u_n(x), v_1(x), \cdots, v_n(x)), \\ v_1'(x) = h_1(x, u_1(x), \cdots, u_n(x), v_1(x), \cdots, v_n(x)), \\ \quad \vdots \\ v_n'(x) = h_n(x, u_1(x), \cdots, u_n(x), v_1(x), \cdots, v_n(x)) \end{cases}$$

となり，実変数の実数値関数に関する正規形の 1 階連立微分方程式 (2.40) に帰着される．よって，実変数の実数値関数に関する正規形の微分方程式の定理や性質から，実変数の複素数値関数に関する正規形の微分方程式の定理や性質が導かれる．

したがって，以降は実変数の実数値関数に関する正規形の 1 階連立微分方程式 (2.40), (2.43) を扱うことにする．

ここで，微分方程式 (2.43) の解について述べよう．I を区間とする．関数 $\boldsymbol{v} : I \to \mathbb{R}^n$ が

$$\boldsymbol{v}'(x) = \boldsymbol{f}(x, \boldsymbol{v}(x)) \quad (x \in I)$$

を満たすとき，$\boldsymbol{v}$ は微分方程式 (2.43) の解であるという。微分方程式の解は，一般に無限個にあり，いくつかの任意定数を含む。そこで，**初期条件**と呼ばれる次の条件

$$\boldsymbol{v}(x_0) = \boldsymbol{y}_0 \tag{2.45}$$

を付加して, 解が一意に定まるようにする場合がある。ここで, $(x_0, \boldsymbol{y}_0) \in I \times \mathbb{R}^n$ である。

改めて，微分方程式 (2.43) の解の厳密な定義を記しておこう。

定義 2.8 I を区間とし，$D = I \times \mathbb{R}^n$ とおく。$\boldsymbol{y} : I \to \mathbb{R}^n$ が微分方程式 (2.43) の解であるとは，次の条件を満たす場合をいう。

(1) $\boldsymbol{y}$ は，区間 I 上で微分可能である。
(2) 任意の $x \in I$ に対して，$(x, \boldsymbol{y}(x)) \in D$ である。
(3) 任意の $x \in I$ に対して，$\boldsymbol{y}'(x) = \boldsymbol{f}(x, \boldsymbol{y}(x))$ を満たす。

さらに，$(x_0, \boldsymbol{y}_0) \in D$ として，

(4) $\boldsymbol{y}(x_0) = \boldsymbol{y}_0$ を満たすとき，$\boldsymbol{y}$ は**初期条件を満たす微分方程式の解**であるという。

注意 2.6 条件 (3) において, 区間 I が端点を含む, 例えば, $I = [a, b]$ のような場合, $\boldsymbol{y}'(a), \boldsymbol{y}'(b)$ は，それぞれ右微分係数，左微分係数を表すものとする。

初期条件の与えられた微分方程式の解は，積分方程式の解として表すことができる。ベクトル値関数 $\boldsymbol{v}(x) = {}^t(v_1(x), v_2(x), \cdots, v_n(x))$ に対し，定積分 $\int_a^b \boldsymbol{v}(s)ds$ を

$$\int_a^b \boldsymbol{v}(s)ds = {}^t\!\left(\int_a^b v_1(\xi)\,d\xi, \int_a^b v_2(\xi)\,d\xi, \cdots, \int_a^b v_n(\xi)\,d\xi \right)$$

と定める。

定理 2.1 $\boldsymbol{y} : I \to \mathbb{R}^n$ が, 初期条件 (2.45) の与えられた微分方程式 (2.43) の解であるための必要十分条件は，$\boldsymbol{y}$ が積分方程式

$$\boldsymbol{y}(x) = \boldsymbol{y}_0 + \int_{x_0}^x \boldsymbol{f}(\xi, \boldsymbol{y}(\xi))\,d\xi \quad (x \in I) \tag{2.46}$$

の連続解であることである.

証明.（必要性）

$\boldsymbol{y}(x)$ は微分方程式 (2.43) の解であるから,

$$\boldsymbol{y}'(x) = \boldsymbol{f}(x, \boldsymbol{y}(x)) \quad (x \in I) \tag{2.47}$$

を満たす. $\boldsymbol{f}(x, \boldsymbol{y}(x))$ は連続であるから, $\boldsymbol{y}'(x)$ も連続である. 式 (2.47) の両辺を x_0 から x $(x \in I)$ まで積分すれば, 微分積分学の基本定理より,

$$\boldsymbol{y}(x) - \boldsymbol{y}_0 = \int_{x_0}^{x} \boldsymbol{f}(\xi, \boldsymbol{y}(\xi)) \, d\xi$$

となり, 式 (2.46) を得る.

（十分性）

$\boldsymbol{y}(x)$ は積分方程式 (2.46) の連続解であるから, $\boldsymbol{f}(x, \boldsymbol{y}(x))$ も連続である. したがって,

$$\int_{x_0}^{x} \boldsymbol{f}(\xi, \boldsymbol{y}(\xi)) \, d\xi$$

は, x について微分可能である. そこで, 積分方程式 (2.46) の両辺を微分すれば, 式 (2.43) が得られ, $\boldsymbol{y}'$ も連続となる. また, 初期条件 (2.45) を満たすことは, 明らかである. □

2.5 解の存在と一意性の定理

最初に, 解の存在と一意性の定理を証明するために, ベクトル値関数に関する性質をひとつ挙げる. ベクトル $\boldsymbol{v} = {}^t(v_1, v_2, \cdots, v_n)$ の大きさを

$$\|\boldsymbol{v}\| = (v_1^2 + v_2^2 + \cdots + v_n^2)^{\frac{1}{2}}$$

と定める.

補題 2.1 I を区間, $a, b \in I$ とし, $\boldsymbol{v} : I \to \mathbb{R}^n$ を連続なベクトル値関数とする. このとき, 次の不等式が成り立つ.

$$\left\| \int_a^b \boldsymbol{v}(\xi) \, d\xi \right\| \leqq \left| \int_a^b \|\boldsymbol{v}(\xi)\| \, d\xi \right| \tag{2.48}$$

この補題の証明は割愛する.

ここで, 解の存在と一意性の定理を述べる上で必要となる重要な条件を定義しよう.

定義 2.9 開集合 $D \subset \mathbb{R} \times \mathbb{R}^n$ 上で定義された連続なベクトル値関数 $\boldsymbol{f} : D \to \mathbb{R}^n$ が ($\boldsymbol{y}$ に関して) **Lipschitz (リプシッツ) 条件**を満たすとは，$L > 0$ が存在して，任意の $(x, \boldsymbol{y}_1), (x, \boldsymbol{y}_2) \in D$ に対し，
$$\|\boldsymbol{f}(x, \boldsymbol{y}_1) - \boldsymbol{f}(x, \boldsymbol{y}_2)\| \leqq L\|\boldsymbol{y}_1 - \boldsymbol{y}_2\|$$
が成り立つことである。L を Lipschitz 定数という。

ここから，初期条件 (2.45) の与えられた微分方程式 (2.43) の (局所的な) 解の存在と一意性の定理を述べよう。

定理 2.2 $x_0 \in \mathbb{R}$, $\boldsymbol{y}_0 \in \mathbb{R}^n$, $r > 0$, $\rho > 0$ とする。$\mathbb{R} \times \mathbb{R}^n$ の有界閉領域
$$D_0 = \{(x, \boldsymbol{y}) \mid |x - x_0| \leqq r, \|\boldsymbol{y} - \boldsymbol{y}_0\| \leqq \rho\}$$
上で定義されたベクトル値関数 $\boldsymbol{f} : D_0 \to \mathbb{R}^n$ が連続で，Lipschitz 条件を満たすとする。このとき，初期条件が与えられた正規形微分方程式
$$\boldsymbol{y}'(x) = \boldsymbol{f}(x, \boldsymbol{y}), \ \boldsymbol{y}(x_0) = \boldsymbol{y}_0 \tag{2.49}$$
の解は，区間 $I = [x_0 - r_0, x_0 + r_0]$ 上で一意に存在する。ここで，r_0 は，
$$r_0 = \min\left\{r, \frac{\rho}{M}\right\}, \ M = \max\{\|\boldsymbol{f}(x, \boldsymbol{y})\| \mid (x, \boldsymbol{y}) \in D_0\}$$
で定まる正の数である。

証明.
まず，前節の定理から，初期条件の与えられた微分方程式 (2.49) の解であることと，積分方程式 (2.46) の解であることは同値であったことに注意する。
(一意性)
$\boldsymbol{y}_1(x)$ と $\boldsymbol{y}_2(x)$ が解であったとする。すなわち，
$$\boldsymbol{y}_1(x) = \boldsymbol{y}_0 + \int_{x_0}^{x} \boldsymbol{f}(\xi, \boldsymbol{y}_1(\xi))\,ds \quad (|x - x_0| \leqq r_0),$$
$$\boldsymbol{y}_2(x) = \boldsymbol{y}_0 + \int_{x_0}^{x} \boldsymbol{f}(\xi, \boldsymbol{y}_2(\xi))\,ds \quad (|x - x_0| \leqq r_0)$$
を満たす。$\boldsymbol{y}_1(x)$ と $\boldsymbol{y}_2(x)$ の差を $\boldsymbol{z}(x) = \boldsymbol{y}_1(x) - \boldsymbol{y}_2(x)$ とおくと，
$$\boldsymbol{z}(x) = \int_{x_0}^{x} \{\boldsymbol{f}(\xi, \boldsymbol{y}_1(\xi)) - \boldsymbol{f}(\xi, \boldsymbol{y}_2(\xi))\}\,d\xi$$
となる。ここで，$\boldsymbol{f}(x, \boldsymbol{y})$ が Lipschitz 条件を満たすことから，
$$\|\boldsymbol{z}(x)\| = \left\|\int_{x_0}^{x} \{\boldsymbol{f}(\xi, \boldsymbol{y}_1(\xi)) - \boldsymbol{f}(\xi, \boldsymbol{y}_2(\xi))\}\,d\xi\right\|$$

2.5 解の存在と一意性の定理

$$\leq \left| \int_{x_0}^{x} \| \boldsymbol{f}(\xi, \boldsymbol{y}_1(\xi)) - \boldsymbol{f}(\xi, \boldsymbol{y}_2(\xi)) \| \, d\xi \right|$$

$$\leq \left| \int_{x_0}^{x} L \| \boldsymbol{y}_1(\xi) - \boldsymbol{y}_2(\xi) \| \, d\xi \right|$$

$$= L \left| \int_{x_0}^{x} \| \boldsymbol{z}(\xi) \| \, d\xi \right|$$

が成り立つ. $\boldsymbol{y}_1(x)$ と $\boldsymbol{y}_2(x)$ は連続であるから, $\boldsymbol{z}(x)$ も連続となり, 最大値の原理から,

$$K = \max_{|x-x_0| \leq r_0} \| \boldsymbol{z}(x) \|$$

が存在する. これとさきほど得られた不等式

$$\| \boldsymbol{z}(x) \| \leq L \left| \int_{x_0}^{x} \| \boldsymbol{z}(\xi) \| \, d\xi \right| \tag{2.50}$$

から,

$$\| \boldsymbol{z}(x) \| \leq KL|x - x_0|$$

が得られる. これを不等式 (2.50) に再び代入すると,

$$\| \boldsymbol{z}(x) \| \leq \frac{1}{2!} KL^2 |x - x_0|^2$$

が得られ, この操作を繰り返すことにより,

$$\| \boldsymbol{z}(x) \| \leq \frac{1}{p!} KL^p |x - x_0|^p \quad (p = 1, 2, 3, \cdots)$$

を得る. $|x - x_0| \leq r_0$ より,

$$\| \boldsymbol{z}(x) \| \leq \frac{1}{p!} KL^p r_0^p \quad (p = 1, 2, 3, \cdots)$$

となるので, $p \to \infty$ とすれば,

$$\boldsymbol{z}(x) \equiv \boldsymbol{o} \quad (|x - x_0| \leq r_0)$$

すなわち, I 上で $\boldsymbol{y}_1(x) \equiv \boldsymbol{y}_2(x)$ となり, 解は一意的である.
(存在性)

Picard (ピカール) **の逐次近似法** を用いて証明する. まず, 解の第 0 近似を

$$\boldsymbol{y}_0(x) = \boldsymbol{y}_0 \quad (|x - x_0| \leq r_0)$$

と定める. 次に, 第 1 近似を

$$\boldsymbol{y}_1(x) = \boldsymbol{y}_0 + \int_{x_0}^{x} \boldsymbol{f}(\xi, \boldsymbol{y}_0(\xi)) \, d\xi$$

と定め，第 $(k-1)$ 次近似 $\boldsymbol{y}_{k-1}(x)$ が定められたとき，第 k 近似を

$$\boldsymbol{y}_k(x) = \boldsymbol{y}_0 + \int_{x_0}^x \boldsymbol{f}(\xi, \boldsymbol{y}_{k-1}(\xi))\, d\xi$$

と定める。このとき，$\boldsymbol{y}_k(x)$ $(k = 0, 1, 2, \cdots)$ は，区間 I 上で定義される。なぜなら，$|x-x_0| \leqq r_0$ のとき，$\|\boldsymbol{y}_{k-1}(x) - \boldsymbol{y}_0\| \leqq \rho$ とすると，$(x, \boldsymbol{y}_{k-1}(x)) \in D_0$ となるので，$\boldsymbol{f}(x, \boldsymbol{y}_{k-1}(x))$ が定義され，$\boldsymbol{y}_k(x)$ も定義されるからである。さらに，

$$\|\boldsymbol{y}_k(x) - \boldsymbol{y}_0\| = \left\| \int_{x_0}^x \boldsymbol{f}(\xi, \boldsymbol{y}_{k-1}(\xi))\, d\xi \right\|$$
$$\leqq M|x-x_0| \leqq Mr_0 \leqq \rho$$

が成り立つから $(x, \boldsymbol{y}_k(x)) \in D_0$ である。

次に，関数項級数

$$\boldsymbol{y}_0(x) + \sum_{k=1}^\infty (\boldsymbol{y}_k(x) - \boldsymbol{y}_{k-1}(x))$$

が一様収束することを示そう。そこで，

$$\|\boldsymbol{y}_k(x) - \boldsymbol{y}_{k-1}(x)\| \leqq \frac{1}{k!} ML^{k-1} |x-x_0|^k \quad (x \in I,\ k = 1, 2, 3, \cdots)$$

が成り立つことを帰納法で示す。$k=1$ のときは，

$$\|\boldsymbol{y}_1(x) - \boldsymbol{y}_0(x)\| = \left\| \int_{x_0}^x \boldsymbol{f}(\xi, \boldsymbol{y}_0(\xi))\, d\xi \right\|$$
$$\leqq M|x-x_0|$$

より，成り立つ。また，k のとき成り立つと仮定して，

$$\boldsymbol{y}_{k+1}(x) - \boldsymbol{y}_k(x) = \int_{x_0}^x \{\boldsymbol{f}(\xi, \boldsymbol{y}_k(\xi)) - \boldsymbol{f}(\xi, \boldsymbol{y}_{k-1}(\xi))\}\, d\xi$$

に Lipschitz 条件を適用すると，

$$\|\boldsymbol{y}_{k+1}(x) - \boldsymbol{y}_k(x)\| \leqq \left\| \int_{x_0}^x \{\boldsymbol{f}(\xi, \boldsymbol{y}_k(\xi)) - \boldsymbol{f}(\xi, \boldsymbol{y}_{k-1}(\xi))\}\, d\xi \right\|$$
$$\leqq \left| \int_{x_0}^x \|\boldsymbol{f}(\xi, \boldsymbol{y}_k(\xi)) - \boldsymbol{f}(\xi, \boldsymbol{y}_{k-1}(\xi))\|\, d\xi \right|$$
$$\leqq L \left| \int_{x_0}^x \|\boldsymbol{y}_k(\xi) - \boldsymbol{y}_{k-1}(\xi)\|\, d\xi \right|$$
$$\leqq L \left| \int_{x_0}^x \frac{1}{k!} ML^{k-1} |\xi - x_0|^k\, d\xi \right|$$

2.5 解の存在と一意性の定理

$$\leqq \frac{1}{k!}ML^k \left| \int_{x_0}^{x} |\xi - x_0|^k \, d\xi \right|$$

$$\leqq \frac{1}{(k+1)!}ML^k |x - x_0|^{k+1}$$

となって，$k+1$ のときも成立する．したがって，$k = 1, 2, 3, \cdots$ に対し，

$$\|\boldsymbol{y}_k(x) - \boldsymbol{y}_{k-1}(x)\| \leqq \frac{1}{k!}ML^{k-1}|x - x_0|^k$$

$$\leqq \frac{M}{L} \cdot \frac{(Lr_0)^k}{k!}$$

が成り立つ．さらに，

$$\sum_{k=1}^{\infty} \frac{M}{L} \cdot \frac{(Lr_0)^k}{k!} = \frac{M}{L}(e^{Lr_0} - 1) < \infty$$

であることから，

$$\boldsymbol{y}_0(x) + \sum_{k=1}^{\infty} (\boldsymbol{y}_k(x) - \boldsymbol{y}_{k-1}(x))$$

は，ある関数 $\boldsymbol{y}(x)$ に I 上一様収束することがわかる．これより，$\boldsymbol{y}(x)$ は，I 上で連続なベクトル値関数である．

最後に，$\boldsymbol{y}(x)$ が微分方程式の解であることを示そう．まず，

$$\boldsymbol{g}_k(x) = \boldsymbol{f}(x, \boldsymbol{y}_k(x)), \quad \boldsymbol{g}(x) = \boldsymbol{f}(x, \boldsymbol{y}(x))$$

とおくと，

$$\|\boldsymbol{g}_k(x) - \boldsymbol{g}(x)\| = \|\boldsymbol{f}(x, \boldsymbol{y}_k(x)) - \boldsymbol{f}(x, \boldsymbol{y}(x))\|$$

$$\leqq L\|\boldsymbol{y}_k(x) - \boldsymbol{y}(x)\|$$

である．$\boldsymbol{y}_k(x)$ は $\boldsymbol{y}(x)$ に I 上一様収束するから，$\boldsymbol{g}_k(x)$ は $\boldsymbol{g}(x)$ も I 上一様収束する．したがって，関係式

$$\boldsymbol{y}_k(x) = \boldsymbol{y}_0 + \int_{x_0}^{x} \boldsymbol{f}(\xi, \boldsymbol{y}_{k-1}(\xi)) \, d\xi$$

において，$k \to \infty$ とすると，右辺の積分と極限が交換できて，

$$\boldsymbol{y}(x) = \boldsymbol{y}_0 + \int_{x_0}^{x} \boldsymbol{f}(\xi, \boldsymbol{y}(\xi)) \, d\xi$$

が成り立つ．すなわち，$\boldsymbol{y}(x)$ は微分方程式の解である． □

ベクトル値関数 $\boldsymbol{f}$ が D 上で Lipschitz 条件を満たさない場合がしばしば起こる．しかし，そのような場合でも局所的に Lipschitz 条件を満たすことが

定義 2.10 開集合 $D \subset \mathbb{R} \times \mathbb{R}^n$ 上で定義された連続なベクトル値関数 $\boldsymbol{f} : D \to \mathbb{R}^n$ が ($\boldsymbol{y}$ に関して) **局所 Lipschitz 条件** を満たすとは, 任意の $(x_0, \boldsymbol{y}_0) \in D$ に対して, 次を満たす $r, \rho, L > 0$ が存在することをいう.
$$D_0 = \{(x, \boldsymbol{y}) \mid |x - x_0| \leqq r, \|\boldsymbol{y} - \boldsymbol{y}_0\| \leqq \rho\} \subset D$$
であって, 任意の $(x, \boldsymbol{y}_1), (x, \boldsymbol{y}_2) \in D_0$ に対し,
$$\|\boldsymbol{f}(x, \boldsymbol{y}_1) - \boldsymbol{f}(x, \boldsymbol{y}_2)\| \leqq L\|\boldsymbol{y}_1 - \boldsymbol{y}_2\|$$
が成り立つ. r, ρ, L は x_0 や $\boldsymbol{y}_0$ に依存してもよい.

上記の定理を, ベクトル値関数 $\boldsymbol{f}$ が局所 Lipschitz 条件を満たす場合に適用すると, 次の系になる.

系 2.1 開集合 $D \subset \mathbb{R} \times \mathbb{R}^n$ 上で定義されたベクトル値関数 $\boldsymbol{f} : D \to \mathbb{R}^n$ が連続で, 局所 Lipschitz 条件を満たすとする. このとき, 任意の点 $(x_0, \boldsymbol{y}_0) \in D$ に対し, 初期条件が与えられた正規形微分方程式
$$\boldsymbol{y}'(x) = \boldsymbol{f}(x, \boldsymbol{y}), \ \boldsymbol{y}(x_0) = \boldsymbol{y}_0$$
の解は, 区間 $I = [x_0 - r_0, x_0 + r_0]$ 上で一意に存在する. ここで, r_0 は,
$$r_0 = \min\left\{r, \frac{\rho}{M}\right\},$$
$$M = \max\{\|\boldsymbol{f}(x, \boldsymbol{y})\| \mid |x - x_0| \leqq r, \|\boldsymbol{y} - \boldsymbol{y}_0\| \leqq \rho\}$$
で定まる正の数であり, r, ρ は局所 Lipschitz 条件で定まる正の数である.

上記の系は, 初期条件 (2.45) が与えられた微分方程式 (2.43) の局所解の存在と一意性を述べている. しかし, 一般的に局所解はより広い定義域で存在する. そのために解の延長について, 簡単に述べておこう.

定義 2.11 ベクトル値関数 $\boldsymbol{y}_1 : I \to \mathbb{R}^n$ と $\boldsymbol{y}_2 : J \to \mathbb{R}^n$ が微分方程式 (2.43) の解とする. このとき, 次の条件が成り立つとき, $\boldsymbol{y}_2(x)$ は, $\boldsymbol{y}_1(x)$ の **延長解** であるという.

(1) $I \subset J$
(2) 任意の $x \in I$ に対して, $\boldsymbol{y}_1(x) = \boldsymbol{y}_2(x)$

さらに,

(3) $I \neq J$

を満たすとき，$y_1(x)$ は**延長可能な解**という。

また，解 $y(x)$ が延長可能ではないとき，$y(x)$ を**延長不能な解**という。

簡単に述べると，微分方程式の延長不能な解とは，できるだけ定義域を大きくした解のことである。

定理 2.3 開集合 $D \subset \mathbb{R} \times \mathbb{R}^n$ 上で定義されたベクトル値関数 $\boldsymbol{f} : D \to \mathbb{R}^n$ が連続であるとする。このとき，微分方程式 (2.43) の任意の解に対し，その延長解のうち，延長不能な解が存在する。

この定理の証明は割愛する。

問 2.8 初期値問題 $y'(x) = y(x), y(0) = 1$ の解を Picard の逐次近似法で求めよ。

章末問題 2

1 次の微分方程式を解け。

(1) $y' = 1 - y^2$,

(2) $y' = y \log x$,

(3) $y' = x \sin y$,

(4) $xyy' = x^2 - 1$,

(5) $y' = e^{2x-3y} + \dfrac{2}{3}$,

(6) $y' = (y-x)^4$,

(7) $y' = \dfrac{y}{x} - 2 \tan \dfrac{y}{x}$,

(8) $x^2 y' = (2x - y)y$,

(9) $y' = \dfrac{2x - y - 5}{x - 2y - 1}$,

(10) $y' = \dfrac{x + y + 1}{x - y - 3}$,

(11) $y' - 2xy = (2x - 1)e^x$,

(12) $y' - (\tan x)y = \sin x$,

(13) $y' - \dfrac{y}{x} = \dfrac{1}{\log x}$,

(14) $y' = \dfrac{2y}{1-x^2} + 1 - x^2,$

(15) $y' + xy = xy^3,$

(16) $y' - \dfrac{2y}{x} = \dfrac{2x}{\sqrt{y}}.$

2 次の微分方程式を考える。
$$x^2 y' + 3xy - x^2 y^2 = 1$$

(1) $y_1(x) = \dfrac{1}{x}$ は解であることを確かめよ。

(2) 上記の微分方程式を解け。

3 初期値問題 $y''(x) + y(x) = 0$, $y(0) = 0$, $y'(0) = 1$ の解を以下の手順で求めよ。

(1) $y'(x) = z(x)$ とおいて，同値な 1 階の連立微分方程式の初期値問題に直せ。

(2) (1) で求めた初期値問題と同値な積分方程式を作れ。

(3) (2) で求めた積分方程式を Picard の逐次近似法で解を求めよ。

3
線形微分方程式の解の一般的性質

　この章では，線形方程式を扱う。3.1 節では，1 階の連立線形微分方程式を考え，解の表示等を求める。n 階の微分方程式は 1 階の連立微分方程式に帰着させることができる。これを利用し，3.2 節では 3.1 節の結果を n 階の微分方程式の場合に書きなおす。この章では，線形微分方程式の解の一般的性質を述べるに留め，2 階の場合や定数係数の場合のより詳細な議論は，第 4 章以降で扱う。

3.1　1 階連立線形微分方程式

　この節では，1 階連立線形微分方程式

$$y'_i(x) = \sum_{j=1}^n a_{ij}(x) y_j(x) + b_i(x) \quad (i = 1,\ 2,\ \cdots, n) \quad (3.1)$$

を考える。ここで，$y_i(x)$ が未知関数，$a_{ij}(x), b_i(x)$ が既知関数である。いずれも複素数値関数とする。

$$\boldsymbol{y}(x) = \begin{pmatrix} y_1(x) \\ \vdots \\ y_n(x) \end{pmatrix}, \quad A(x) = \begin{pmatrix} a_{11}(x) & \cdots & a_{1n}(x) \\ \vdots & \ddots & \vdots \\ a_{n1}(x) & \cdots & a_{nn}(x) \end{pmatrix},$$

$$\boldsymbol{b}(x) = \begin{pmatrix} b_1(x) \\ \vdots \\ b_n(x) \end{pmatrix} \qquad (3.2)$$

とおくと，(3.1) は

$$\boldsymbol{y}'(x) = A(x)\boldsymbol{y}(x) + \boldsymbol{b}(x) \qquad (3.3)$$

となる。$b(x) \not\equiv o$ のとき非同次 (形), $b(x) \equiv o$ のとき同次 (形) という。同次方程式は, $y(x) \equiv o$ という解を持っている。これを**自明解**という。

以後, $n \times n$ 型行列 $A = \begin{pmatrix} a_{11} & \cdots & a_{1n} \\ \vdots & \ddots & \vdots \\ a_{n1} & \cdots & a_{nn} \end{pmatrix}$ と n 次元ベクトル $v = \begin{pmatrix} v_1 \\ \vdots \\ v_n \end{pmatrix}$

に対して,

$$\|A\| = \left(\sum_{i,j=1}^{n} |a_{ij}|^2\right)^{\frac{1}{2}}, \quad \|v\| = \left(\sum_{j=1}^{n} |v_j|^2\right)^{\frac{1}{2}}$$

とおく。

$f(x, y) = A(x)y + b(x)$ とおくと, (3.3) は (2.43) の形になる。$A(x), b(x)$ が $D_0 = \{(x, y) \mid |x - x_0| \leqq r, \|y - y_0\| \leqq \rho\}$ 上で連続であれば, $f(x, y)$ は D_0 上有界である。また,

$$L = \max_{|x - x_0| \leqq r} \|A(x)\|$$

とおく。$|y_j| \leqq \|y\|$ を用いると, $|x - x_0| \leqq r$ のとき, $\|A(x)y\|^2$ は,

$$\|A(x)y\|^2 = \sum_{i,j=1}^{n} |a_{ij}(x) y_j|^2$$
$$\leqq \sum_{i,j=1}^{n} |a_{ij}(x)|^2 \|y\|^2 = \|A(x)\|^2 \|y\|^2$$
$$\leqq L^2 \|y\|^2$$

と評価される。したがって, D_0 上の 2 点 $(x, y_1), (x, y_2)$ に対し,

$$\|f(x, y_1) - f(x, y_2)\| = \|A(x)y_1 - A(x)y_2\|$$
$$= \|A(x)(y_1 - y_2)\|$$
$$\leqq L\|y_1 - y_2\|$$

を得る。よって, $f(x, y)$ は Lipschitz 条件も満たす。故に, $x = x_0$ のとき $y = y_0$ となる (3.3) の解の存在と一意性が定理 2.2 によって保証される。

そこで, 非同次方程式の一つの解 $\overline{y}$ がわかったとしよう。他の任意の解を $\widetilde{y}$ とすると, $y = \widetilde{y} - \overline{y}$ は対応する同次方程式

$$y'(x) = A(x)y(x) \tag{3.4}$$

を満たす。逆に (3.4) の任意の解 y に対し, $y + \overline{y}$ は (3.3) を満たす。したがって, 次が成立する。

3.1　1階連立線形微分方程式

定理 3.1 $\{(3.3)\text{ の一般解}\} = \{\boldsymbol{y}+\overline{\boldsymbol{y}} \mid \boldsymbol{y}\text{ は }(3.4)\text{ の一般解},\ \overline{\boldsymbol{y}}\text{ は }(3.3)\text{ の}$ 1つの解$\}$。

定義 3.1 (3.4) の一般解を (3.3) の解の**余因子**という。

定義 3.2 m 個の複素ベクトル値関数の組 $\{\boldsymbol{y}_1(x),\cdots,\boldsymbol{y}_m(x)\}$ が**一次独立**であるとは，
$$\sum_{k=1}^{m} c_k \boldsymbol{y}_k(x) \equiv \boldsymbol{o}$$
が成立する定数の組 $\{c_1,\cdots,c_m\}$ は
$$c_1 = \cdots = c_m = 0$$
に限ることをいう。

　一次独立でないとき，**一次従属**であるという。

注意 3.1 以後，$\boldsymbol{y}(x)$ の第 k 成分 $y_k(x)$ と，k 番目のベクトル値関数 $\boldsymbol{y}_k(x)$ を混同しないよう活字の形に十分注意されたい。

定理 3.2 $a_{ij}(x)$ は連続とする。$\mathscr{S} = \{(3.4)\text{ の一般解}\}$ とすると，$\mathscr{S}$ は n 次元線形空間である。すなわち，$\boldsymbol{y}_1, \boldsymbol{y}_2 \in \mathscr{S}, \alpha, \beta \in \mathbb{C}$ とすると，$\alpha\boldsymbol{y}_1 + \beta\boldsymbol{y}_2 \in \mathscr{S}$ が成り立ち，さらに $\dim \mathscr{S} = n$ となる。

証明． 線形空間であることは，
$$\begin{aligned}(\alpha\boldsymbol{y}_1 + \beta\boldsymbol{y}_2)' &= \alpha\boldsymbol{y}_1' + \beta\boldsymbol{y}_2' \\ &= \alpha A(x)\boldsymbol{y}_1 + \beta A(x)\boldsymbol{y}_2 \\ &= A(x)(\alpha\boldsymbol{y}_1 + \beta\boldsymbol{y}_2)\end{aligned}$$
よりわかる。

　$\dim \mathscr{S} = n$ であることをいうには，

1. n 個の一次独立な解が存在すること，
2. 1で示した n 個の一次独立な解の一次結合で (3.4) の任意の解が表示できること

を示せばよい。

　1について。$\dim \mathbb{C}^n = n$ であるので，n 個の一次独立な $\mathbb{C}^n$-ベクトルの組 $\{\boldsymbol{v}_1,\cdots,\boldsymbol{v}_n\}$ が存在する。(3.4) の解で $\boldsymbol{y}(x_0) = \boldsymbol{v}_k$ を満たすものを $\boldsymbol{y}_k(x)$ とする。$\boldsymbol{y}_k(x)$ の存在は定理 2.2 によって保証される。このとき，$\{\boldsymbol{y}_1(x),\cdots,\boldsymbol{y}_n(x)\}$

が一次独立であることを示す。
$$\sum_{k=1}^{n} c_k \boldsymbol{y}_k(x) \equiv \boldsymbol{o}$$
とする。$x = x_0$ とすると，
$$\sum_{k=1}^{n} c_k \boldsymbol{v}_k = \boldsymbol{o}$$
となる。$\{\boldsymbol{v}_1, \cdots, \boldsymbol{v}_n\}$ の一次独立性から，
$$c_1 = \cdots = c_n = 0$$
である。ゆえに，$\{\boldsymbol{y}_1(x), \cdots, \boldsymbol{y}_n(x)\}$ は一次独立である。

2 について。$\boldsymbol{y}(x)$ を (3.4) の解とする。
$$\boldsymbol{y}(x_0) = \boldsymbol{v}$$
とする。$\boldsymbol{v}$ は $\mathbb{C}^n$-ベクトルである。$\{\boldsymbol{v}_1, \cdots, \boldsymbol{v}_n\}$ は $\mathbb{C}^n$ の基底であるので，
$$\boldsymbol{v} = \sum_{k=1}^{n} \gamma_k \boldsymbol{v}_k$$
と一意的にかける。
$$\widetilde{\boldsymbol{y}}(x) = \sum_{k=1}^{n} \gamma_k \boldsymbol{y}_k(x)$$
とおくと，$\widetilde{\boldsymbol{y}}$ は (3.4) の解で $\widetilde{\boldsymbol{y}}(x_0) = \boldsymbol{v}$ を満たす。仮定から定理 2.2 が適用できるので，初期値問題の一意性が成り立ち，$\widetilde{\boldsymbol{y}} = \boldsymbol{y}$ がわかる。 □

定義 3.3 (3.4) の一次独立な n 個の解の組 $\{\boldsymbol{y}_1(x), \cdots, \boldsymbol{y}_n(x)\}$ を **基本解** という。

注意 3.2 基本解のとり方は，一意的ではない。上の定理の証明で $\mathbb{C}^n$ の一組の基底 $\{\boldsymbol{v}_1, \cdots, \boldsymbol{v}_n\}$ から基本解 $\{\boldsymbol{y}_1(x), \cdots, \boldsymbol{y}_n(x)\}$ を $\boldsymbol{y}_k(x_0) = \boldsymbol{v}_k$ となるものとして構成した。$\mathbb{C}^n$ の基底として別のものをとれば，別の基本解が得られる。

定義 3.4 n 個の n 次元ベクトル値関数の組 $\{\boldsymbol{y}_1(x), \cdots, \boldsymbol{y}_n(x)\}$ ((3.4) の解である必要はない) に対し，
$$W(x) = (\boldsymbol{y}_1(x), \cdots, \boldsymbol{y}_n(x))$$
とおく。W は複素 $n \times n$ 行列関数である。W と $\det W$ をそれぞれ，$\{\boldsymbol{y}_1(x), \cdots, \boldsymbol{y}_n(x)\}$ の **Wronski**(ロンスキー) 行列，**Wronskian**(ロンスキアン) という。

3.1　1階連立線形微分方程式

定理 3.3 ある x_0 に対し，$\det W(x_0) \neq 0$ であれば，$\{\boldsymbol{y}_1(x), \cdots, \boldsymbol{y}_n(x)\}$ は一次独立である．

証明．
$$\boldsymbol{c} = \begin{pmatrix} c_1 \\ \vdots \\ c_n \end{pmatrix}$$

とおくと，$\sum_{k=1}^{n} c_k \boldsymbol{y}_k(x) \equiv \boldsymbol{o}$ は，

$$W(x)\boldsymbol{c} \equiv \boldsymbol{o}$$

と書ける．$\det W(x_0) \neq 0$ であれば，$W(x_0)$ の逆行列 $W(x_0)^{-1}$ が存在するので，

$$\boldsymbol{c} = W(x_0)^{-1}\boldsymbol{o} = \boldsymbol{o}$$

となる．ゆえに，$\{\boldsymbol{y}_1(x), \cdots, \boldsymbol{y}_n(x)\}$ は一次独立である． □

注意 3.3 逆は成立しない．次の問をみよ．

問 3.1
$$\operatorname{sgn} x = \begin{cases} 1 & (x > 0), \\ 0 & (x = 0), \\ -1 & (x < 0) \end{cases}$$

とする．

$$\boldsymbol{y}_1(x) = \begin{pmatrix} x^3 \\ 3x^2 \end{pmatrix}, \quad \boldsymbol{y}_2(x) = \begin{pmatrix} |x|^3 \\ 3x^2 \operatorname{sgn} x \end{pmatrix}$$

とおくと，$\{\boldsymbol{y}_1(x), \boldsymbol{y}_2(x)\}$ は一次独立であるが，$\det W(x) \equiv 0$ であることを示せ．

定理 3.3 の対偶を考えると次が成立する．

系 3.1 $\{\boldsymbol{y}_1(x), \cdots, \boldsymbol{y}_n(x)\}$ が一次従属であれば，$\det W(x) \equiv 0$ である．

$\boldsymbol{y}_k(x)$ が (3.4) を満たすときは，次が成立する．

定理 3.4 (Liouville (リューヴィル) の公式) $\boldsymbol{y}_k(x)$ $(k = 1, \cdots, n)$ を (3.4)

の解とすると，
$$\det W(x) = \det W(x_0) \exp\left(\int_{x_0}^{x} \mathrm{tr} A(\xi)\, d\xi\right)$$
が成り立つ．ここで，$\mathrm{tr} A(\xi)$ は行列 $A(\xi)$ のトレースで，$\mathrm{tr} A(\xi) = \sum_{i=1}^{n} a_{ii}(\xi)$ である．

証明． 行列式の性質を利用して，$\det W(x)$ の微分を計算すると
$$\frac{d}{dx}\det W(x) - (\mathrm{tr} A(x))\det W(x) = 0 \tag{3.5}$$
となる．例えば，$n=2$ の場合は次のようになる．
$$\boldsymbol{y}_1(x) = \begin{pmatrix} y_{11}(x) \\ y_{21}(x) \end{pmatrix}, \quad \boldsymbol{y}_2(x) = \begin{pmatrix} y_{12}(x) \\ y_{22}(x) \end{pmatrix}$$
とおくと，
$$\frac{d}{dx}\det W(x) = \frac{d}{dx}\det\begin{pmatrix} y_{11}(x) & y_{12}(x) \\ y_{21}(x) & y_{22}(x) \end{pmatrix}$$
$$= \det\begin{pmatrix} y'_{11}(x) & y'_{12}(x) \\ y_{21}(x) & y_{22}(x) \end{pmatrix} + \det\begin{pmatrix} y_{11}(x) & y_{12}(x) \\ y'_{21}(x) & y'_{22}(x) \end{pmatrix}$$
となる．$\boldsymbol{y}_k$ は，微分方程式 $\boldsymbol{y}'_k(x) = A(x)\boldsymbol{y}_k(x)$ を満たす．これを横に並べると，$W'(x) = A(x)W(x)$ と書ける．成分で表すと，
$$y'_{jk}(x) = \sum_{\ell=1}^{2} a_{j\ell}(x) y_{\ell k}(x)$$
となる．これを用いると，
$$\det\begin{pmatrix} y'_{11}(x) & y'_{12}(x) \\ y_{21}(x) & y_{22}(x) \end{pmatrix}$$
$$= \det\begin{pmatrix} a_{11}(x)y_{11}(x) + a_{12}(x)y_{21}(x) & a_{11}(x)y_{12}(x) + a_{12}(x)y_{22}(x) \\ y_{21}(x) & y_{22}(x) \end{pmatrix}$$
$$= a_{11}(x)\det\begin{pmatrix} y_{11}(x) & y_{12}(x) \\ y_{21}(x) & y_{22}(x) \end{pmatrix} = a_{11}(x)\det W(x)$$
を得る．同様に，
$$\det\begin{pmatrix} y_{11}(x) & y_{12}(x) \\ y'_{21}(x) & y'_{22}(x) \end{pmatrix} = a_{22}(x)\det W(x)$$

3.1 1階連立線形微分方程式

が得られる。よって，
$$\frac{d}{dt}\det W(x) = (a_{11}(x) + a_{22}(x))\det W = (\mathrm{tr}A(x))\det W(x)$$
となる。$n \geqq 3$ の場合でも，計算は面倒になるが同様である。

$\det W(x)$ の方程式 (3.5) の両辺に $\exp\left(-\int_{x_0}^{x}\mathrm{tr}A(\xi)\,d\xi\right)$ を掛け，積の微分公式を用いると，
$$\frac{d}{dx}\left\{\det W(x)\exp\left(-\int_{x_0}^{x}\mathrm{tr}A(\xi)\,d\xi\right)\right\} = 0$$
となる。ゆえに，中括弧内は x に依らない。これより，
$$\det W(x)\exp\left(-\int_{x_0}^{x}\mathrm{tr}A(\xi)\,d\xi\right) = \det W(x_0)$$
となる。これを変形して，結論を得る。 □

指数関数の定義より，$\exp\left(\int_{x_0}^{x}\mathrm{tr}A(\xi)\,d\xi\right) \neq 0$ である。故に，次が成立する。

系 3.2 $\boldsymbol{y}_k(x)$ $(k=1,\cdots,n)$ を (3.4) の解とする。このとき次の 2 つは同値である。

1. ある x_0 に対し，$\det W(x_0) = 0$ である。
2. $\det W(x) \equiv 0$ である。

(3.4) の基本解 $\{\boldsymbol{y}_1(x),\cdots,\boldsymbol{y}_n(x)\}$ が求められたとする。(3.4) の一般解は，
$$\boldsymbol{y}(x) = \sum_{k=1}^{n} c_k \boldsymbol{y}_k(x) = W(x)\boldsymbol{c}$$
と書くことができる。系 3.1，系 3.2 より $\det W(x) \neq 0$ がわかる。

(3.3) の一般解を，定数 c_k を値が変化し得る関数 $u_k(x)$ に置き換えた
$$\boldsymbol{y}(x) = \sum_{k=1}^{n} u_k(x)\boldsymbol{y}_k(x) = W(x)\boldsymbol{u}(x)$$
の形で求めてみよう。これは以下の理由で可能である。$\det W(x) \neq 0$ であるので，$W(x)$ の逆行列 $W(x)^{-1}$ が存在する。$\boldsymbol{u}(x) = W(x)^{-1}\boldsymbol{y}(x)$ とおいたことに相当する。この方法を定数変化法という。$\boldsymbol{y}$ の微分を計算すると，
$$\boldsymbol{y}'(x) = W'(x)\boldsymbol{u}(x) + W(x)\boldsymbol{u}'(x)$$
となる。$\boldsymbol{y}(x)$ が (3.3) の解，$\boldsymbol{y}_j(x)$ が (3.4) の解であること（$W'(x) =$

$A(x)W(x))$ を用いると，
$$A(x)W(x)\boldsymbol{u}(x) + \boldsymbol{b}(x) = A(x)W(x)\boldsymbol{u}(x) + W(x)\boldsymbol{u}'(x)$$
となる．よって，
$$\boldsymbol{u}'(x) = W(x)^{-1}\boldsymbol{b}(x)$$
となる．これを積分すれば，$\boldsymbol{u}$ が求められる．故に，次が得られる．

定理 3.5 (3.3) の一般解は，
$$\boldsymbol{y}(x) = W(x)\left(\int^x W(\xi)^{-1}\boldsymbol{b}(\xi)\,d\xi + \boldsymbol{c}\right) \tag{3.6}$$
で与えられる．ここで，$W(x)$ は対応する同次方程式 (3.4) の基本解を並べてできる Wronski 行列で，**基本行列**という．

定義 3.5 定理の (3.6) を**定数変化公式**という．

問 3.2 $n = 1$ のときの (3.6) を具体的に書き下してみよ．

$W(x)$ を基本行列とし，
$$R(x, \xi) = W(x)W(\xi)^{-1}$$
とおく．これを，**レゾルベント**という．明らかに，
$$R(x, x) = E_n, \quad R(x, \xi)R(\xi, \eta) = R(x, \eta), \quad (R(x, \xi))^{-1} = R(\xi, x)$$
が成立する．また，$W'(x) = A(x)W(x)$ より，
$$\frac{\partial R}{\partial x}(x, \xi) = W'(x)W(\xi)^{-1} = A(x)W(x)W(\xi)^{-1} = A(x)R(x, \xi),$$
$$\begin{aligned}\frac{\partial R}{\partial \xi}(x, \xi) &= W(x)\frac{d}{d\xi}W(\xi)^{-1} = W(x)\left(-W(\xi)^{-1}W'(\xi)W(\xi)^{-1}\right)\\ &= -W(x)W(\xi)^{-1}A(\xi)W(\xi)W(\xi)^{-1} = -R(x, \xi)A(\xi)\end{aligned}$$
が成立する．特に，
$$\begin{cases}\dfrac{\partial R}{\partial x}(x, x_0) = A(x)R(x, x_0),\\ R(x_0, x_0) = E_n\end{cases} \tag{3.7}$$
より，$R(x, x_0) = (\boldsymbol{\phi}_1(x, x_0), \cdots, \boldsymbol{\phi}_n(x, x_0))$ とおくと，
$$\begin{cases}\dfrac{\partial \boldsymbol{\phi}_i}{\partial x}(x, x_0) = A(x)\boldsymbol{\phi}_i(x, x_0),\\ \boldsymbol{\phi}_i(x_0, x_0) = \boldsymbol{e}_i\end{cases}$$

3.1 1階連立線形微分方程式

となる。

$y(x_0) = y_0$ となる解をレゾルベントを用いて表現しよう。定理 3.5 より，

$$y(x) = W(x)\left(\int_{x_0}^x W(\xi)^{-1}b(\xi)\,d\xi + c\right)$$

は，$y'(x) = A(x)y(x)$ の解で，

$$y(x_0) = W(x_0)c$$

である。よって，$c = W(x_0)^{-1}y_0$ とおけば，初期条件が満たされる。したがって，次が得られる。

定理 3.6 $y(x_0) = y_0$ を満たす (3.3) の解は，

$$y(x) = \int_{x_0}^x R(x,\xi)b(\xi)\,d\xi + R(x,x_0)y_0$$

で与えられる。

証明.

$$\begin{aligned}y(x) &= W(x)\left(\int_{x_0}^x W(\xi)^{-1}b(\xi)\,d\xi + W(x_0)^{-1}y_0\right) \\ &= \int_{x_0}^x R(x,\xi)b(\xi)\,d\xi + R(x,x_0)y_0\end{aligned}$$

となる。 □

問 3.3 $n = 1$ のときの上の定理の主張の式を具体的に書き下してみよ。

x_0 を固定すれば，(3.7) は x を変数とする $R(x,x_0)$ に関する微分方程式の初期値問題である。その解を逐次近似法で構成する。すなわち，

$$\begin{cases} R_0(x,x_0) = E_n, \\ \dfrac{\partial R_j}{\partial x}(x,x_0) = A(x)R_{j-1}(x,x_0) \quad (j \geqq 1), \\ R_j(x_0,x_0) = E_n \end{cases}$$

とおく。

$$R_1(x,x_0) = E_n + \int_{x_0}^x A(\xi_1)R_0(\xi_1,x_0)\,d\xi_1 = E_n + \int_{x_0}^x A(\xi_1)\,d\xi_1,$$

$$R_2(x, x_0) = E_n + \int_{x_0}^{x} A(\xi_1) R_1(\xi_1, x_0) \, d\xi_1$$
$$= E_n + \int_{x_0}^{x} A(\xi_1) \left(E_n + \int_{x_0}^{\xi_1} A(\xi_2) \, d\xi_2 \right) d\xi_1$$
$$= E_n + \int_{x_0}^{x} A(\xi_1) \, d\xi_1 + \int_{x_0}^{x} \int_{x_0}^{\xi_1} A(\xi_1) A(\xi_2) \, d\xi_2 d\xi_1$$

となる．以下，帰納的に，

$$R_j(x, x_0) = E_n + \sum_{k=1}^{j} \int_{x_0}^{x} \int_{x_0}^{\xi_1} \cdots \int_{x_0}^{\xi_{k-1}} \underbrace{A(\xi_1) A(\xi_2) \cdots A(\xi_k)}_{\text{順序を交換してはいけない}} d\xi_k \cdots d\xi_2 d\xi_1$$

となることが示される．ただし，$\xi_0 = x$ である．$A(\xi_1)A(\xi_2) \cdots A(\xi_k)$ を交換してはいけない理由は，$A(\xi_i)$ が行列であり，行列の積が可換でないからである．定理 2.2 により，$j \to \infty$ のとき，$R_j(x, x_0)$ は (3.7) の一意解に収束することが保証される．

定理 3.7 レゾルベントは，

$$R(x, x_0) = E_n + \sum_{k=1}^{\infty} \int_{x_0}^{x} \int_{x_0}^{\xi_1} \cdots \int_{x_0}^{\xi_{k-1}} \underbrace{A(\xi_1) A(\xi_2) \cdots A(\xi_k)}_{\text{順序を交換してはいけない}} d\xi_k \cdots d\xi_2 d\xi_1$$

で与えられる．$\xi_0 = x$ である．これを **Peano-Baker**(ペアノ—ベーカー) **級数**という．

3.2 n 階線形微分方程式

この節では，n 階線形微分方程式

$$y^{(n)}(x) + a_1(x) y^{(n-1)}(x) + \cdots + a_n(x) y(x) = b(x) \quad (3.8)$$

を考える．ここで，$y(x)$ が未知関数，$a_i(x), b(x)$ が既知関数である．いずれも複素数値関数とする．$b(x) \not\equiv 0$ のとき**非同次**(形)，$b(x) \equiv 0$ のとき，すなわち，

$$y^{(n)}(x) + a_1(x) y^{(n-1)}(x) + \cdots + a_n(x) y(x) = 0 \quad (3.9)$$

を**同次**(形)という．

(3.8) は，$y^{(i-1)}(x) = y_i(x)$（ここで $y^{(0)}(x) = y(x)$）とおくことで (3.1) に帰着される．

3.2 n 階線形微分方程式

問 3.4 上の書き換えで $A(x), \boldsymbol{b}(x)$ を $a_i(x), b(x)$ を用いて表せ.

前節の結果を書き直すと以下のようになる.

定理 3.8 $\{(3.8)$ の一般解$\} = \{y+\bar{y} \mid y$ は (3.9) の一般解, $\bar{y}$ は (3.8) の 1 つの解 $\}$.

定義 3.6 (3.9) の一般解を (3.8) の解の**余因子**という.

定義 3.7 m 個の複素数値関数の組 $\{y_1(x), \cdots, y_m(x)\}$ が**一次独立**であるとは,
$$\sum_{k=1}^{m} c_k y_k(x) \equiv 0$$
が成立する定数の組 $\{c_1, \cdots, c_m\}$ は
$$c_1 = \cdots = c_m = 0$$
に限ることをいう.

一次独立でないとき, **一次従属**であるという.

定理 3.9 $a_i(x)$ は連続とする. $\mathscr{S} = \{(3.9)$ の一般解$\}$ とすると, $\mathscr{S}$ は n 次元線形空間である. すなわち, $y_1, y_2 \in \mathscr{S}, \alpha, \beta \in \mathbb{C}$ とすると, $\alpha y_1 + \beta y_2 \in \mathscr{S}$ が成り立ち, さらに, $\dim \mathscr{S} = n$ となる.

定義 3.8 $\mathscr{S}$ の基底 $\{y_1(x), \cdots, y_n(x)\}$ を (3.9) の**基本解**という.

定義 3.9 n 個の関数の組 $\{y_1(x), \cdots, y_n(x)\}$ ((3.9) の解である必要はない) に対し,
$$W(r) = \begin{pmatrix} y_1(x) & \cdots & y_n(x) \\ y_1'(x) & \cdots & y_n'(x) \\ \vdots & \ddots & \vdots \\ y_1^{(n-1)}(x) & \cdots & y_n^{(n-1)}(x) \end{pmatrix}$$
とおく. W は複素 $n \times n$ 行列値関数である. W と $\det W$ をそれぞれ, $\{y_1(x), \cdots, y_n(x)\}$ の **Wronski 行列**, **Wronskian**(ロンスキアン) という.

定理 3.10

1. ある x_0 に対し, $\det W(x_0) \neq 0$ であれば, $\{y_1(x), \cdots, y_n(x)\}$ は一次

独立である。

2. $\{y_1(x), \cdots, y_n(x)\}$ が一次従属であれば，$\det W(x) \equiv 0$ である。

定理 3.11 (Liouville の公式) $y_k(x)$ $(k = 1, \cdots, n)$ を (3.9) の解とすると，
$$\det W(x) = \det W(x_0) \exp\left(-\int_{x_0}^{x} a_1(\xi)\,d\xi\right)$$
が成り立つ。特に，次の2つは同値である。

1. ある x_0 に対し，$\det W(x_0) = 0$ である。
2. $\det W(x) \equiv 0$ である。

定理 3.12 (3.8) の一般解 $y(x)$，およびその $n-1$ 階までの導関数は，
$$\begin{pmatrix} y(x) \\ y'(x) \\ \vdots \\ y^{(n-1)}(x) \end{pmatrix} = W(x)\left(\int^{x} W(\xi)^{-1}\boldsymbol{b}(\xi)\,d\xi + \boldsymbol{c}\right) \quad (3.10)$$
で与えられる。ここで，$W(x)$ は対応する同次方程式の基本解から作った Wronski 行列で，**基本行列**という。また，
$$\boldsymbol{b}(x) = \begin{pmatrix} 0 \\ \vdots \\ 0 \\ b(x) \end{pmatrix}$$
である。

定義 3.10 (3.10) も定数変化公式と呼ばれる。

$W(x)$ を基本行列とする。$R(x, \xi) = W(x)W(\xi)^{-1}$ をレゾルベントという。

定理 3.13 $y^{(i-1)}(x_0) = y_{0i}$ $(i = 1, \cdots, n)$ を満たす (3.8) の解，およびその $n-1$ 階までの導関数は，
$$\begin{pmatrix} y(x) \\ y'(x) \\ \vdots \\ y^{(n-1)}(x) \end{pmatrix} = \int_{x_0}^{x} R(x, \xi)\boldsymbol{b}(\xi)\,d\xi + R(x, x_0)\boldsymbol{y}_0 \quad (3.11)$$

3.2 n 階線形微分方程式

で与えられる。ただし，

$$\boldsymbol{y}_0 = \begin{pmatrix} y_{01} \\ y_{02} \\ \vdots \\ y_{0n} \end{pmatrix}$$

である。

解 $y(x)$ は (3.10) においても，(3.11) においても，第 1 行に現れるので，右辺も第 1 行のみ計算すれば十分である。$W(\xi)$ の第 k 列を $\boldsymbol{b}(\xi)$ に置き替えたものを $W_k(\xi)$ とおく。$\boldsymbol{u}(\xi) = W(\xi)^{-1}\boldsymbol{b}(\xi)$ とすると，$\boldsymbol{b}(\xi) = W(\xi)\boldsymbol{u}(\xi)$ である。したがって，Cramer の公式より，$\boldsymbol{u}(\zeta)$ の第 k 成分 $u_k(\zeta)$ は，

$$u_k(\xi) = \frac{\det W_k(\xi)}{\det W(\xi)}$$

となる。これを用いて，(3.10) の第 1 行のみを計算すると，

系 3.3 (3.8) の一般解 $y(x)$ は，

$$y(x) = \sum_{k=1}^{n} y_k(x) \left(\int^x \frac{\det W_k(\xi)}{\det W(\xi)} \, d\xi + c_k \right)$$

で与えられる。

問 3.5 $n = 2$ のとき，上の系の式を具体的に書き下してみよ。これを **Lagrange**(ラグランジュ) の定数変化公式という。

$y^{(i-1)}(x_0) = \delta_{ik}\,(i = 1, \cdots, n)$ を満たす (3.8) の解を $\phi_k(x; x_0)$ と書くと，レゾルベントは $\{\phi_1, \cdots, \phi_n\}$ の Wronski 行列である。よって，(3.11) の第 1 行のみを計算して，次が得られる。

系 3.4 $y^{(i-1)}(x_0) = y_{0i}\,(i = 1, \cdots, n)$ を満たす (3.8) の解は，

$$y(x) = \int_{x_0}^{x} \phi_n(x; \xi) b(\xi) \, d\xi + \sum_{k=1}^{n} \phi_k(x; x_0) y_{0k}$$

で与えられる。

レゾルベントは，Peano-Baker 級数で与えられるが，これを具体的に計算することは一般には容易ではない。

章末問題 3

以下の問題はすべて，$\boldsymbol{y}(x) = \begin{pmatrix} y_1(x) \\ y_2(x) \\ \vdots \\ y_n(x) \end{pmatrix}$ を未知関数とする連立微分方程式

$$\boldsymbol{y}'(x) = A\boldsymbol{y}(x)$$

を考える。ここで，A は，各成分は x に依らない n 次正方行列 (定数行列) とする。

1 λ が A の固有値で，$\boldsymbol{v}$ は λ に対する固有ベクトルとする。このとき，$e^{\lambda x}\boldsymbol{v}$ は上の方程式の解であることを示せ。

2 $\boldsymbol{y}(x)$ は上の方程式の解とする。ある x_0 において $\boldsymbol{y}(x_0)$ が A の固有値 λ に対する固有ベクトルになったとすると，任意の x についても $\boldsymbol{y}(x)$ は A の固有値 λ に対する固有ベクトルであることを示せ。

3 A が相異なる n 個の固有値を持つとき，上の方程式の基本解を求めよ。

4 上の方程式に対する Peano-Baker 級数を求めよ。

5 $A = \begin{pmatrix} 1 & 1 \\ 0 & 1 \end{pmatrix}$ のときの Peano-Baker 級数を計算せよ。

4
変数係数の2階線形微分方程式

この章では，変数係数の 2 階線形微分方程式を扱う。4.1 節では同次方程式を，4.2 節では非同次方程式を考え，一般的な解法について学ぶ。4.3 節では，級数の形で解を求める方法について学ぶ。

4.1 同次方程式

この節では，変数係数の 2 階線形同次微分方程式
$$y''(x) + a_1(x)y'(x) + a_2(x)y(x) = 0 \tag{4.1}$$
を考える。第 3 章で学んだように，$y_1(x)$ と $y_2(x)$ がともに (4.1) の解であれば，その一次結合 (線形結合) $c_1 y_1(x) + c_2 y_2(x)$ (c_1, c_2 は定数) も (4.1) の解である。

問 4.1 c_1, c_2 は定数とする。このとき，$y_1(x)$ と $y_2(x)$ がともに (4.1) の解であれば，$y(x) = c_1 y_1(x) + c_2 y_2(x)$ も (4.1) の解であることを示せ。

特に，定理 3.9 より，(4.1) の一般解 $y(x)$ は，(4.1) の基本解 $\{y_1(x), y_2(x)\}$ を用いて $y(x) = c_1 y_1(x) + c_2 y_2(x)$ (c_1, c_2 は定数) と表せる。一般に $a_1(x)$, $a_2(x)$ が x の関数である場合，(4.1) の基本解を求めることは容易ではない。ここでは，解の一つ $y_1(x)$ がわかったとして，それと独立な解を求める方法 (**階数低下法**) を紹介する。

同次方程式 (4.1) の恒等的に 0 でない解 $y_1(x)$ が得られたとき，$y_2(x) = y_1(x)u(x)$ として，(4.1) に代入すると

$$y_1(x)u''(x) + (2y_1'(x) + a_1(x)y_1(x))\,u'(x)$$
$$+ (y_1''(x) + a_1(x)y_1'(x) + a_2(x)y_1(x))u(x) = 0$$

となる。$y_1(x)$ が (4.1) の解であることに注意すると，上式の下線部分は 0 であるので，

$$y_1(x)u''(x) + (2y_1'(x) + a_1(x)y_1(x))\,u'(x) = 0$$

を得る。この式の両辺を $y_1(x)$ で割り，$v(x) = u'(x)$ とおけば，

$$v'(x) + \left(\frac{2y_1'(x)}{y_1(x)} + a_1(x)\right)v(x) = 0$$

という 1 階の微分方程式が得られる。2 階の微分方程式を解くことを，1 階の微分方程式に帰着するので，階数低下法と呼ばれる。これは変数分離形の微分方程式であるから，その解は，

$$v(x) = (y_1(x))^{-2} \exp\left(-\int^x a_1(\xi)\,d\xi\right)$$

となる。$v(x) = u'(x)$ であるから，この式の両辺を積分することによって，

$$u(x) = \int^x (y_1(\xi))^{-2} \exp\left(-\int^\xi a_1(\eta)\,d\eta\right)d\xi$$

が求まる。これを $y_2(x) = y_1(x)u(x)$ に代入すると，(4.1) のもう 1 つの解が求まる。

階数低下法を用いて求めた解 $y_2(x)$ と $y_1(x)$ は一次独立である。実際，Wronskian を計算すると，

$$\begin{aligned}
\det W(x) &= \det\begin{pmatrix} y_1(x) & y_2(x) \\ y_1'(x) & y_2'(x) \end{pmatrix} \\
&= \det\begin{pmatrix} y_1(x) & y_1(x)u(x) \\ y_1'(x) & y_1'(x)u(x) + y_1(x)u'(x) \end{pmatrix} \\
&= \det\begin{pmatrix} y_1(x) & 0 \\ y_1'(x) & y_1(x)u'(x) \end{pmatrix} \\
&= (y_1(x))^2\, u'(x) \\
&= \exp\left(-\int^x a_1(\xi)\,d\xi\right) \neq 0
\end{aligned}$$

となる。

4.2 非同次方程式

例 4.1 同次微分方程式 $x^2y''(x) - xy'(x) + y(x) = 0$ の一つの解が $y_1(x) = x$ であることを確かめ，一般解を求める．

$y_1'(x) = 1, y_1''(x) = 0$ を微分方程式の左辺に代入すると，$0 - x + x = 0$ となるので，$y_1(x) = x$ はこの同次微分方程式の解である．

もう一つの基本解を $y_2(x) = xu(x)$ とおく．$y_2'(x) = xu'(x) + u(x), y_2''(x) = xu''(x) + 2u'(x)$ を微分方程式に代入すると，

$$x^3 u''(x) + x^2 u'(x) = 0$$

となる．ここで，$v(x) = u'(x)$ とおくと，$v(x)$ についての微分方程式

$$xv'(x) + v(x) = 0$$

を得る．これは変数分離形であるから，その解 (の一つ) は，

$$v(x) = \frac{1}{x}$$

となる．$u'(x) = v(x)$ であるから，上式の両辺を x で積分することにより，

$$u(x) = \log x$$

を得る．したがって，もう一つの基本解は $y_2(x) = x\log x$ である．よって，求める一般解は，$y(x) = c_1 x + c_2 x \log x$ であることがわかる．ただし，c_1, c_2 は定数である．

問 4.2 次の同次微分方程式の一つの解が $y_1(x)$ であることを確かめ，一般解を求めよ．

(1) $x^2 y''(x) + xy'(x) - y(x) = 0, y_1(x) = x$,
(2) $x^2 y''(x) - 3xy'(x) + 4y(x) = 0, y_1(x) = x^2$.

4.2 非同次方程式

この節では，変数係数の 2 階線形非同次微分方程式

$$y''(x) + a_1(x)y'(x) + a_2(x)y(x) = b(x) \qquad (4.2)$$

を考える．

定理 4.1 非同次方程式 (4.2) の特殊解を $\bar{y}(x)$, 同次方程式 (4.1) の基本解を $y_1(x), y_2(x)$ とすると, 非同次方程式の一般解は,

$$y(x) = c_1 y_1(x) + c_2 y_2(x) + \bar{y}(x) \qquad (c_1, c_2 \text{ は定数})$$

である.

証明. これは, 定理 3.8 の特別な場合であるが, 改めて確かめてみることにする. 非同次方程式 (4.2) の一般解を $y(x)$, 特殊解を $\bar{y}(x)$ とするとき,

$$\begin{aligned}(y(x) - \bar{y}(x))'' &+ a_1(x)(y(x) - \bar{y}(x))' + a_2(x)(y(x) - \bar{y}(x)) \\ &= (y''(x) + a_1(x)y'(x) + a_2(x)y(x)) \\ &\quad - (\bar{y}''(x) + a_1(x)\bar{y}'(x) + a_2(x)\bar{y}(x)) \\ &= b(x) - b(x) = 0\end{aligned}$$

となるから, $y(x) - \bar{y}(x)$ は同次方程式 (4.1) の解である. したがって, 同次方程式 (4.1) の基本解 $\{y_1(x), y_2(x)\}$ を用いて, $y(x) - \bar{y}(x) = c_1 y_1(x) + c_2 y_2(x)$ (c_1, c_2 は定数) と表せる. よって, $y(x) = c_1 y_1(x) + c_2 y_2(x) + \bar{y}(x)$ を得る. □

特殊解は次のように求められる. 同次方程式 (4.1) の一般解は, 基本解 $\{y_1(x), y_2(x)\}$ を用いて $c_1 y_1(x) + c_2 y_2(x)$ と表された. ここで, 定数 c_1, c_2 を x の関数 $u_1(x), u_2(x)$ とした

$$\bar{y}(x) = u_1(x) y_1(x) + u_2(x) y_2(x) \tag{4.3}$$

が非同次方程式 (4.1) の解となるように, 関数 $u_1(x), u_2(x)$ を定める. このように, 定数部分を関数に置き換えることによって微分方程式を解く方法を **定数変化法** と呼ぶ. この方法は, 第 3 章の定理 3.5 を導く際にも用いられた. その結果, 定理 3.12 や系 3.3 も得られた. それらの $n = 2$ の場合が (4.1) の一般解を与える. ここでは, 一般解を求める過程を明らかにするために, 第 3 章で行った計算を改めて $n = 2$ の場合にやり直してみることにする.

(4.3) の両辺を微分すると,

$$\bar{y}'(x) = u_1'(x) y_1(x) + u_1(x) y_1'(x) + u_2'(x) y_2(x) + u_2(x) y_2'(x)$$

となる. ここで, 特に

$$u_1'(x) y_1(x) + u_2'(x) y_2(x) = 0 \tag{4.4}$$

4.2 非同次方程式

を満たす関数 $u_1(x), u_2(x)$ を考えることにする。これは Lagrange のアイディアである。

$$\bar{y}'(x) = u_1(x)y_1'(x) + u_2(x)y_2'(x)$$

となる。さらに両辺を微分すると，

$$\bar{y}''(x) = u_1'(x)y_1'(x) + u_2'(x)y_2'(x) + u_1(x)y_1''(x) + u_2(x)y_2''(x)$$

を得る。$y_1(x), y_2(x)$ は同次微分方程式 (4.1) の基本解であるので，

$$\begin{aligned}
\bar{y}''(x) &+ a_1(x)\bar{y}'(x) + a_2(x)\bar{y}(x) \\
&= [u_1'(x)y_1'(x) + u_2'(x)y_2'(x) + u_1(x)y_1''(x) + u_2(x)y_2''(x)] \\
&\quad + a_1(x)[u_1(x)y_1'(x) + u_2(x)y_2'(x)] \\
&\quad + a_2(x)[u_1(x)y_1(x) + u_2(x)y_2(x)] \\
&= u_1'(x)y_1'(x) + u_2'(x)y_2'(x) \\
&\quad + u_1(x)[y_1''(x) + a_1(x)y_1'(x) + a_2(x)y_1(x)] \\
&\quad + u_2(x)[y_2''(x) + a_1(x)y_2'(x) + a_2(x)y_2(x)] \\
&= u_1'(x)y_1'(x) + u_2'(x)y_2'(x)
\end{aligned}$$

となる。したがって，$\bar{y}(x)$ が (4.2) の特殊解となるためには，

$$u_0'(x)y_1'(x) + u_1'(x)y_2'(x) = b(x) \tag{4.5}$$

を満たせばよい。(4.4), (4.5) より，

$$\begin{pmatrix} y_1(x) & y_2(x) \\ y_1'(x) & y_2'(x) \end{pmatrix} \begin{pmatrix} u_1'(x) \\ u_2'(x) \end{pmatrix} = \begin{pmatrix} 0 \\ b(x) \end{pmatrix}$$

を得る。係数行列は Wronski 行列 $W(x)$ である。いま，$y_1(x), y_2(x)$ が同次方程式 (4.1) の基本解であることより，$\det W(x) \neq 0$ であるから，

$$\begin{pmatrix} u_1'(x) \\ u_2'(x) \end{pmatrix} = \frac{1}{\det W(x)} \begin{pmatrix} y_2'(x) & -y_2(x) \\ -y_1'(x) & y_1(x) \end{pmatrix} \begin{pmatrix} 0 \\ b(x) \end{pmatrix}$$

を得る。両辺を積分することにより，

$$u_1(x) = \int^x \frac{-y_2(\xi)b(\xi)}{\det W(\xi)}\, d\xi, \quad u_2(x) = \int^x \frac{y_1(\xi)b(\xi)}{\det W(\xi)}\, d\xi \tag{4.6}$$

となる。これらを (4.3) に代入すると，(4.2) の特殊解が求まる。以上をまとめて，次の定理 (= 問 3.5 の解答) を得る。

定理 4.2 (Lagrange の定数変化公式) 非同次微分方程式 (4.2) の一般解は,

$$y(x) = c_1 y_1(x) + c_2 y_2(x) - y_1(x) \int^x \frac{y_2(\xi) b(\xi)}{\det W(\xi)} dx + y_2(x) \int \frac{y_1(\xi) b(\xi)}{\det W(\xi)} d\xi$$

である。ただし, $\{y_1(x), y_2(x)\}$ は同次微分方程式 (4.1) の基本解, $\det W(x)$ は Wronskian である。

例 4.2 非同次微分方程式 $x^2 y''(x) - xy'(x) + y(x) = x$ において, 対応する同次微分方程式の一つの解が $y_1(x) = x$ であるとき, 一般解を求める。

例 4.1 より, 対応する同次微分方程式の基本解は $y_1(x) = x, y_2(x) = x \log x$ である。この非同次微分方程式は,

$$y''(x) - \frac{1}{x} y'(x) + \frac{1}{x^2} y(x) = \frac{1}{x}$$

と変形されることに注意する。

非同次微分方程式の特殊解 $\bar{y}(x)$ を求めるために, まず Wronskian を計算すると,

$$\det W(x) = \det \begin{pmatrix} x & x \log x \\ 1 & \log x + 1 \end{pmatrix} = x$$

となる。$b(x) = x^{-1}$ であることに注意すると, (4.6) より,

$$\begin{aligned} \bar{y}(x) &= -x \int^x \frac{\xi \log \xi \cdot \xi^{-1}}{\xi} d\xi + x \log x \int^x \frac{\xi \cdot \xi^{-1}}{\xi} d\xi \\ &= -x \int^x \frac{\log \xi}{\xi} d\xi + x \log x \int^x \frac{1}{\xi} d\xi \\ &= -\frac{x}{2} (\log x)^2 + x (\log x)^2 = \frac{x}{2} (\log x)^2 \end{aligned}$$

を得る。よって, 求める一般解は, $y(x) = c_1 x + c_2 x \log x + \frac{x}{2} (\log x)^2$ である。

別解. $y_2(x) = xu(x)$ とおき, 非同次微分方程式に代入すると, 例 4.1 と同様の計算により,

$$x^3 u''(x) + x^2 u'(x) = x$$

を得る。これから, $(xu'(x))' = x^{-1}$ であることがわかるので, 両辺を x で積分することにより, $xu'(x) = \log x + c_1$ を得る。ただし, c_1 は定数である。この式の両辺を x で割って積分すると, $u(x) = \frac{1}{2} (\log x)^2 + c_1 \log x$ となる。よって, 求める一般解は $y(x) = c_0 x + c_1 x \log x + \frac{x}{2} (\log x)^2$ である。

問 4.3 次の非同次方程式において，対応する同次方程式の一つの解が $y_1(x)$ であることを確かめ，一般解を求めよ．

(1) $x^2 y''(x) + x y'(x) - y(x) = 1$, $y_1(x) = x$,
(2) $x^2 y''(x) - 3x y'(x) + 4y(x) = x^2$, $y_1(x) = x^2$.

4.3 級 数 解 法

ここまで，解が初等関数で表される微分方程式を扱ってきた．しかし，一般には解が初等関数で表せない微分方程式の方が多い．そこで，本節では，変数係数の微分方程式を解くのに適している**級数解法**を紹介する．

まず，微分方程式 (4.1) において，変数係数 $a_1(x), a_2(x)$ が $x = x_0$ のまわりで x のべき級数に展開可能な関数である場合を考える．このとき，$x = x_0$ を微分方程式 (4.1) の**正則点**という．正則点 $x = x_0$ のまわりで微分方程式 (4.1) の解を $y(x) = \sum_{n=0}^{\infty} c_n (x - x_0)^n$ の形で求めることができる．

例 4.3 微分方程式 $y''(x) - (x+1)y'(x) + x^2 y(x) = 0$ について，$x = 0$ のまわりの解 $y(x) = \sum_{n=0}^{\infty} c_n x^n$ を求める．

$a_1(x) = -(x+1), a_2(x) = x^2$ は多項式関数であるから，$x = 0$ は正則点である．

$$y'(x) = \sum_{n=1}^{\infty} n c_n x^{n-1}, \quad y''(x) = \sum_{n=2}^{\infty} n(n-1) c_n x^{n-2}$$

を微分方程式に代入すると，

$$\sum_{n=2}^{\infty} n(n-1) c_n x^{n-2} - (x+1) \sum_{n=1}^{\infty} n c_n x^{n-1} + x^2 \sum_{n=0}^{\infty} c_n x^n = 0 \quad (4.7)$$

となる．ここで，

$$\sum_{n=2}^{\infty} n(n-1) c_n x^{n-2} = 2c_2 + 6c_3 x + \sum_{n=0}^{\infty} (n+4)(n+3) c_{n+4} x^{n+2},$$

$$-(x+1) \sum_{n=1}^{\infty} n c_n x^{n-1} = -\sum_{n=1}^{\infty} n c_n x^n - \sum_{n=1}^{\infty} n c_n x^{n-1}$$

$$= -c_1 x - \sum_{n=0}^{\infty} (n+2) c_{n+2} x^{n+2}$$

であるから，これらを (4.7) に代入して x のべきをそろえると，

$$(-c_1 + 2c_2) + (-c_1 - 2c_2 + 6c_3)x$$
$$+ \sum_{n=0}^{\infty} \{c_n - (n+2)c_{n+2} - (n+3)c_{n+3}$$
$$+ (n+4)(n+3)c_{n+4}\} x^{n+2} = 0$$

を得る。これが恒等的に成り立つことから，

$$c_2 = \frac{c_1}{2}, \qquad c_3 = \frac{c_1}{3},$$
$$c_{n+4} = \frac{-c_n + (n+2)c_{n+2} + (n+3)c_{n+3}}{(n+4)(n+3)} \quad (n \geqq 0)$$

でなければならない。この $\{c_n\}$ についての漸化式から，c_0, c_1 を任意定数として

$$c_2 = \frac{c_1}{2}, \quad c_3 = \frac{c_1}{3}, \quad c_4 = \frac{-c_0 + 2c_1}{12}, \quad c_5 = \frac{-c_0 + 2c_1}{60}, \quad \cdots$$

が求まる。よって，求める級数解は，

$$y(x) = c_0 \left(1 - \frac{x^4}{12} - \frac{x^5}{60} + \cdots\right) + c_1 \left(x + \frac{x^2}{2} + \frac{x^3}{3} + \frac{x^4}{6} + \frac{x^5}{30} + \cdots\right)$$

となる。

問 4.4 $y''(x) + xy'(x) - 2y(x) = 0$ の $x = 0$ のまわりでの解を級数解法で求めよ。

次に，微分方程式 (4.1) において，変数係数 $a_1(x), a_2(x)$ は $x = x_0$ のまわりでべき級数に展開できないが，$(x - x_0)a_1(x), (x - x_0)^2 a_2(x)$ は $x = x_0$ のまわりでべき級数に展開できる場合を考える。このとき，$x = x_0$ を微分方程式 (4.1) の**確定特異点**という。確定特異点 $x = x_0$ のまわりで微分方程式 (4.1) の解を $y(x) = (x - x_0)^\lambda \sum_{n=0}^{\infty} c_n (x - x_0)^n \ (c_0 \neq 0)$ の形で求めることができる。ここで，定数 λ を $y(x)$ の $x - x_0$ における**指数**という。

$(x - x_0)a_1(x) = A_1(x), (x - x_0)^2 a_2(x) = A_2(x)$ とおけば，微分方程式

4.3 級数解法

(4.1) は
$$(x-x_0)^2 y''(x) + (x-x_0)A_1(x)y'(x) + A_2(x)y(x) = 0 \quad (4.8)$$
と変形される。また, $A_1(x)$, $A_2(x)$ は $x = x_0$ のまわりでべき級数に展開できるので,
$$A_1(x) = \sum_{k=0}^{\infty} d_k(x-x_0)^k, \quad A_2(x) = \sum_{k=0}^{\infty} e_k(x-x_0)^k$$
と表せる。これらと,
$$y'(x) = \sum_{n=0}^{\infty} (\lambda+n)c_n(x-x_0)^{\lambda+n-1},$$
$$y''(x) = \sum_{n=0}^{\infty} (\lambda+n)(\lambda+n-1)c_n(x-x_0)^{\lambda+n-2}$$
を微分方程式 (4.8) に代入すると,
$$\sum_{n=0}^{\infty}(\lambda+n)(\lambda+n-1)c_n(x-x_0)^{\lambda+n} + \sum_{k=0}^{\infty} d_k(x-x_0)^k \sum_{n=0}^{\infty}(\lambda+n)c_n(x-x_0)^{\lambda+n}$$
$$+ \sum_{k=0}^{\infty} e_k(x-x_0)^k \sum_{n=0}^{\infty} c_n(x-x_0)^{\lambda+n} = 0.$$
$x - x_0$ のべきについてそろえると,
$$\sum_{n=0}^{\infty} \left\{ (\lambda+n)(\lambda+n-1)c_n + \sum_{k=0}^{n} (\lambda+k)d_{n-k}c_k + \sum_{k=0}^{n} e_{n-k}c_k \right\} (x-x_0)^{\lambda+n} = 0$$
となる。$c_0 \neq 0$ であるから,
$$\lambda(\lambda-1) + d_0\lambda + e_0 = 0, \tag{4.9}$$
$$\{(\lambda+n)(\lambda+n-1) + (\lambda+n)d_0 + e_0\}c_n$$
$$= -\sum_{k=0}^{n-1} \{(\lambda+k)d_{n-k} + e_{n-k}\}c_k, \quad (n = 1, 2, \cdots) \tag{4.10}$$
を得る。(4.9) を解くことにより指数 λ が決まる。それらを (4.10) に代入することにより c_0 を任意定数として c_n $(n = 1, 2, \cdots)$ が決まる。指数 λ を決める方程式 (4.9) を**決定方程式**という。決定方程式は λ についての 2 次方程式で

あるから，解 λ_1, λ_2 ($\operatorname{Re}\lambda_1 \geqq \operatorname{Re}\lambda_2$) をもつ。このとき，微分方程式 (4.1) は次の形の基本解をもつことが知られている。

(I) $\lambda_1 - \lambda_2 \neq$ (非負の整数) の場合。

$$y_1(x) = (x - x_0)^{\lambda_1} \sum_{n=0}^{\infty} c_n (x - x_0)^n,$$

$$y_2(x) = (x - x_0)^{\lambda_2} \sum_{n=0}^{\infty} c_n (x - x_0)^n.$$

(II) $\lambda_1 = \lambda_2$ の場合。

$$y_1(x) = (x - x_0)^{\lambda_1} \sum_{n=0}^{\infty} c_n (x - x_0)^n,$$

$$y_2(x) = y_1(x) \log|x| + (x - x_0)^{\lambda_1} \sum_{n=1}^{\infty} c'_n (x - x_0)^n.$$

(III) $\lambda_1 - \lambda_2 =$ (自然数) の場合。

$$y_1(x) = (x - x_0)^{\lambda_1} \sum_{n=0}^{\infty} c_n (x - x_0)^n,$$

$$y_2(x) = \alpha y_1(x) \log|x| + (x - x_0)^{\lambda_2} \sum_{n=0}^{\infty} c'_n (x - x_0)^n.$$

ただし，$c'_n = \left(\dfrac{dc_n}{d\lambda}\right)_{\lambda=\lambda_1}$, α は定数である。

注意 4.1 $\lambda_1 - \lambda_2 =$ (非負整数) の場合，$y_2(x)$ は定数変化法を用いて求めることができる。

例 4.4 微分方程式 $2xy''(x) + (x+1)y'(x) + 3y(x) = 0$ について，$x = 0$ のまわりの解を求める。

微分方程式を変形すると，

$$y''(x) + \frac{x+1}{2x} y'(x) + \frac{3}{2x} y(x) = 0$$

となるので，$x = 0$ は確定特異点であるから，解を

$$y(x) = x^{\lambda} \sum_{n=0}^{\infty} c_n x^n \quad (c_0 \neq 0)$$

の形で求めることができる。$A_1(x) = \dfrac{1}{2} + \dfrac{x}{2}$, $A_2(x) = \dfrac{3}{2}x$ より，

4.3 級数解法

$$d_0 = d_1 = \frac{1}{2}, \quad e_0 = 0, \ e_1 = \frac{3}{2}, \quad d_k = e_k = 0 \quad (k = 2, 3, \cdots)$$

である。ここで, 決定方程式

$$\lambda(\lambda - 1) + \frac{\lambda}{2} = 0$$

を解くと, $\lambda = 0, \frac{1}{2}$ を得る。

対応する基本解 $\{y_1(x), y_2(x)\}$ を求める。

(i) $\lambda = \frac{1}{2}$ のとき, (4.10) より,

$$\left\{\left(\frac{1}{2} + n\right)\left(\frac{1}{2} + n - 1\right) + \frac{1}{2}\left(\frac{1}{2} + n\right)\right\} c_n$$
$$= -\left\{\frac{1}{2}\left(\frac{1}{2} + n - 1\right) + \frac{3}{2}\right\} c_{n-1}$$

となるので,

$$c_n = -\frac{2n + 5}{2n(2n + 1)} c_{n-1} \qquad (n = 1, 2, \cdots)$$

を得る。これより c_0 を任意定数として

$$y_1(x) = c_0 x^{\frac{1}{2}} \left(1 - \frac{7}{6}x + \frac{21}{40}x^2 - \frac{11}{80}x^3 + \cdots \right)$$

となる。

(ii) $\lambda = 0$ のとき, (4.10) より,

$$\left\{n(n - 1) + \frac{n}{2}\right\} c_n = -\left\{\frac{1}{2}(n - 1) + \frac{3}{2}\right\} c_{n-1}$$

となるので,

$$c_n = -\frac{n + 2}{n(2n - 1)} c_{n-1} \qquad (n = 1, 2, \cdots)$$

を得る。これより c_0 を任意定数として

$$y_2(x) = c_0 \left(1 - 3x + 2x^2 - \frac{2}{3}x^3 + \cdots \right).$$

よって, 求める解は c_1, c_2 を定数として,

$$y(x) = c_1 x^{\frac{1}{2}} \left(1 - \frac{7}{6}x + \frac{21}{40}x^2 - \frac{11}{80}x^3 + \cdots \right)$$
$$+ c_2 \left(1 - 3x + 2x^2 - \frac{2}{3}x^3 + \cdots \right)$$

となる。

問 4.5 $2x^2 y''(x) - xy'(x) + (1-x^2)y(x) = 0$ の $x=0$ のまわりでの解を級数解法で求めよ。

章末問題 4

1 次の同次微分方程式の一つの解が $y_1(x)$ であることを確かめ，一般解を求めよ．

(1) $xy''(x) + (x+2)y'(x) + y(x) = 0,\ y_1(x) = x^{-1}$,
(2) $(x^2-1)y''(x) - 2xy'(x) + 2y(x) = 0,\ y_1(x) = x$,
(3) $x^2 y''(x) + 2xy'(x) - 2y(x) = 0,\ y_1(x) = x$,
(4) $x(x-2)y''(x) - (x^2-2)y'(x) + 2(x-1)y(x) = 0,\ y_1(x) = e^x$.

2 次の非同次微分方程式において，対応する同次方程式の一つの解が $y_1(x)$ であることを確かめ，一般解を求めよ．

(1) $xy''(x) - (x+2)y'(x) + 2y(x) = x^3 e^x,\ y_1(x) = e^x$,
(2) $xy''(x) + (2x-1)y'(x) + (x-1)y(x) = x^2(x+1),\ y_1(x) = e^{-x}$,
(3) $x^2 y''(x) + 2xy'(x) - 2y(x) = 4x^2 \cos x - x^3 \sin x,\ y_1(x) = x$,
(4) $x(x-2)y''(x) - (x^2-2)y'(x) + 2(x-1)y(x) = -x^2(x-2)^2,\ y_1(x) = e^x$.

3 次の微分方程式について，$x=0$ のまわりの解を級数解法で求めよ．

(1) $(x^2-1)y''(x) + xy'(x) - 4y(x) = 0$,
(2) $4xy''(x) + 2y'(x) + y(x) = 0$.

5
定数係数の線形微分方程式

定数係数の n 階線形微分方程式
$$y^{(n)}(x) + a_1 y^{(n-1)}(x) + \cdots + a_n y(x) = b(x) \tag{5.1}$$
を考える。係数 $a_1, \cdots, a_n$ が関数の場合は 3.2 節で扱った。したがって，その特別な場合になる。しかし，定数係数であるため，解の表示などがより具体的になるので，この章で改めて扱うことにする。さらに，工学的に有用な実係数の 2 階の線形微分方程式は，改めて 5.2 節で取り扱う。

5.1 定数係数の n 階線形微分方程式
5.1.1 解の表示

$n = 1$ の場合の同次方程式
$$y'(x) + a_1 y(x) = 0$$
を考える。これは変数分離形であるので 2.1 節の方法により $y(x) = ce^{-a_1 x}$ が一般解であることがわかる。これより，$e^{a_1 x} y(x)$ は定数となる。実際，上の方程式の両辺に $e^{a_1 x}$ を掛けて積の微分公式を用いれば，方程式は，
$$(e^{a_1 x} y(x))' = 0$$
と変形される。この変形を非同次方程式
$$y'(x) + a_1 y(x) = b(x)$$
にも適用しよう。両辺に $e^{a_1 x}$ を掛けて積の微分公式を用いれば，
$$(e^{a_1 x} y(x))' = e^{a_1 x} b(x)$$
となる。これを積分して，その結果を $e^{a_1 x}$ で割れば，
$$y(x) = e^{-a_1 x} \int e^{a_1 x} b(x) \, dx$$

となる．これが $n=1$ の場合の解の表示である．

注意 5.1 上の表示式の右辺を正確に書けば，
$$y(x) = e^{-a_1 x}\left(\int^x e^{a_1\xi}b(\xi)\,d\xi + c\right) \tag{5.2}$$
である．したがって，積分記号の前後の指数関数を約分して，
$$e^{-a_1 x}\int e^{a_1 x}b(x)\,dx = \int b(x)\,dx$$
とするのは誤りである．

問 5.1 $a_1 \neq 0$ のとき，$e^{-a_1 x}\displaystyle\int e^{a_1 x}x\,dx$ と $\displaystyle\int x\,dx$ が異なることを確かめよ．

注意 5.2 (5.2) は定理 3.5 (定数変化公式) の特別な場合である．問 3.2 の結果の係数が定数の場合にも相当する．

この結果を利用して一般の n に対する (5.1) の解の表示を求めよう．x で微分する操作 $\dfrac{d}{dx}$ を D で表し，(5.1) を
$$\left(D^n + a_1 D^{n-1} + \cdots + a_n\right)y(x) = b(x)$$
と表す．左辺の括弧内の D を複素数 λ に置き換えた
$$\lambda^n + a_1\lambda^{n-1} + \cdots + a_n$$
を (5.1) の**特性多項式** (または**固有多項式**) という．ここでは $P(\lambda)$ で表そう．$P(\lambda) = 0$ の解を**特性解** (または**特性根**) という．$P(\lambda)$ を複素数の範囲で因数分解して，
$$P(\lambda) = \lambda^n + a_1\lambda^{n-1} + \cdots + a_n$$
$$= (\lambda - \lambda_1)^{n_1}(\lambda - \lambda_2)^{n_2}\cdots(\lambda - \lambda_k)^{n_k}$$
となったとする．ここで，$i \neq j$ のとき，$\lambda_i \neq \lambda_j$ とする．また，次数の比較により $n_1 + n_2 + \cdots + n_k = n$ である．

まず，$P(\lambda) = (\lambda - \lambda_1)^{n_1}$ のときを考える．すなわち微分方程式は，
$$(D - \lambda_1)^{n_1} y(x) = b(x)$$
である．

$n_1 = 1$ のときは，上で行った議論より解は，
$$y(x) = e^{\lambda_1 x}\int e^{-\lambda_1 x}b(x)\,dx$$
で与えられる．

$n_1 = 2$ のとき (方程式は $(D-\lambda_1)^2 y(x) = b(x)$) は，$(D-\lambda_1)y(x) = z(x)$ とおくと，連立方程式

5.1 定数係数の n 階線形微分方程式

$$(D-\lambda_1)y(x) = z(x), \quad (D-\lambda_1)z(x) = b(x)$$

に帰着される。$n=1$ のときの議論より，

$$y(x) = e^{\lambda_1 x}\int e^{-\lambda_1 x}z(x)\,dx, \quad z(x) = e^{\lambda_1 x}\int e^{-\lambda_1 x}b(x)\,dx$$

となる。後者を前者に代入すると，

$$y(x) = e^{\lambda_1 x}\iint e^{-\lambda_1 x}b(x)\,dxdx$$

となる。

この方法を繰り返すと，$(D-\lambda_1)^{n_1}y(x) = b(x)$ の解は，

$$y(x) = e^{\lambda_1 x}\underbrace{\int\cdots\int}_{n_1 \text{回}} e^{-\lambda_1 x}b(x)\,dx\cdots dx$$

で与えられることがわかる。そこで，$(D-\lambda_1)^{-n_1}$ を

$$(D-\lambda_1)^{-n_1}f(x) = e^{\lambda_1 x}\underbrace{\int\cdots\int}_{n_1 \text{回}} e^{-\lambda_1 x}f(x)\,dx\cdots dx$$

で定義しよう。

以上の準備のもとで (5.1) を考えよう。方程式は

$$(D-\lambda_1)^{n_1}(D-\lambda_2)^{n_2}\cdots(D-\lambda_k)^{n_k}y(x) = b(x)$$

である。これは，連立方程式

$$(D-\lambda_2)^{n_2}\cdots(D-\lambda_k)^{n_k}y(x) = z(x), \quad (D-\lambda_1)^{n_1}z(x) = b(x)$$

と同値である。第 2 の方程式を解けば，

$$z(x) = (D-\lambda_1)^{-n_1}b(x)$$

であるので，第 1 の方程式は，

$$(D-\lambda_2)^{n_2}(D-\lambda_3)^{n_3}\cdots(D-\lambda_k)^{n_k}y(x) = (D-\lambda_1)^{-n_1}b(x)$$

となる。これはさらに，

$$(D-\lambda_3)^{n_3}\cdots(D-\lambda_k)^{n_k}y(x) = w(x), \quad (D-\lambda_2)^{n_2}w(x) = (D-\lambda_1)^{-n_1}b(x)$$

と同値である。第 2 の方程式より，

$$w(x) = (D-\lambda_2)^{-n_2}(D-\lambda_1)^{-n_1}b(x)$$

となる。これを第 1 の方程式に代入して $\cdots$ という操作を繰り返すと，最終的に

$$y(x) = (D-\lambda_k)^{-n_k}\cdots(D-\lambda_2)^{-n_2}(D-\lambda_1)^{-n_1}b(x)$$

となる。以上の結果を定理としてまとめておこう。

定理 5.1 n 階の定数係数微分方程式
$$y^{(n)}(x) + a_1 y^{(n-1)}(x) + \cdots + a_n y(x) = b(x)$$
を考える。特性多項式が
$$(\lambda - \lambda_1)^{n_1}(\lambda - \lambda_2)^{n_2} \cdots (\lambda - \lambda_k)^{n_k} \quad (i \neq j \text{ のとき } \lambda_i \neq \lambda_j)$$
と因数分解されたとすると，解は
$$y(x) = (D - \lambda_k)^{-n_k} \cdots (D - \lambda_2)^{-n_2}(D - \lambda_1)^{-n_1} b(x) \quad (5.3)$$
で与えられる。ただし，
$$(D - \lambda_j)^{-n_j} f(x) = e^{\lambda_j x} \underbrace{\int \cdots \int}_{n_j \text{回}} e^{-\lambda_j x} f(x) \, dx \cdots dx$$
である。

注意 5.3 $P(\lambda)$ の因数分解の因数 $(\lambda - \lambda_j)^{n_j}$ の積の順序は交換可能であるので，上の表示式の $(D - \lambda_j)^{-n_j}$ の作用の順序は交換してもよい。

5.1.2 基本解

(5.1) に対応する同次方程式
$$y^{(n)}(x) + a_1 y^{(n-1)}(x) + \cdots + a_n y(x) = 0 \quad (5.4)$$
の基本解は，定理 5.1 において $b(x) \equiv 0$ とすることで求められる。準備として，まず
$$(D - \lambda_j)^{n_j} y(x) = 0 \quad (5.5)$$
を考える。この方程式の一般解は，
$$(D-\lambda_j)^{-n_j} 0 = e^{\lambda_j x} \underbrace{\int \cdots \int}_{n_j \text{回}} 0 \, dx \cdots dx = e^{\lambda_j x}\left(c_1 + c_2 x + \cdots + c_{n_j} x^{n_j - 1}\right)$$

となる。$y(x)$ が (5.5) の解とする。(5.5) の両辺に $(D - \lambda_i)^{n_i}$ ($i = 1, 2, \cdots, j-1, j+1, \cdots, n_k$) を順次作用させる。$(D - \lambda_i)^{n_i}$ と $(D - \lambda_j)^{n_j}$ の順序が交換できることと $P(\lambda)$ が (5.1) の特性多項式であることを用いると，
$$y^{(n)}(x) + a_1 y^{(n-1)}(x) + \cdots + a_n y(x) = 0$$

5.1 定数係数の n 階線形微分方程式

となる。よって，$x^m e^{\lambda_j x}$ ($m = 0, \cdots, n_j - 1$) はすべて (5.4) の解であることがわかる。同様にして，各 $i = 1, 2, \cdots, k$ と $m = 0, 1, \cdots, n_i - 1$ に対し，$x^m e^{\lambda_i x}$ はすべて (5.4) の解であることがわかる。これらは，指数か x の冪が異なるのですべて異なる解である。解の個数は，

$$n_1 + n_2 + \cdots + n_k = n$$

である。これは方程式の階数であるので，基本解であることがわかる。したがって，次が示された。

定理 5.2 n 階の定数係数同次形微分方程式

$$y^{(n)}(x) + a_1 y^{(n-1)}(x) + \cdots + a_n y(x) = 0$$

を考える。特性多項式が

$$(\lambda - \lambda_1)^{n_1} (\lambda - \lambda_2)^{n_2} \cdots (\lambda - \lambda_k)^{n_k} \quad (i \neq j \text{ のとき } \lambda_i \neq \lambda_j)$$

と因数分解されたとすると，

$$\{x^m e^{\lambda_j x} \mid m = 0, 1, \cdots, n_j - 1; j = 1, 2, \cdots, k\}$$

が基本解となる。すなわち，一般解は

$$y(x) = \sum_{j=1}^{k} \sum_{m=0}^{n_j - 1} c_{mj} x^m e^{\lambda_j x} \quad (c_{mj} \text{ は任意定数}) \tag{5.6}$$

で与えられる。

この定理を用いて第 1 章に現れた定数係数の微分方程式の一般解を計算しよう。

例 5.1 $y'(x) - 3y(x) = 0$ を考える。特性多項式は $\lambda - 3$ であるので，一般解は ce^{3x} である。

例 5.2 $y''(x) - 2y'(x) - 3y(x) = 0$ を考える。特性多項式は $\lambda^2 - 2\lambda - 3$ であり，これは $(\lambda + 1)(\lambda - 3)$ と因数分解されるので，一般解は $c_1 e^{-x} + c_2 e^{3x}$ である。

例 5.3 $y''(x) + y(x) = 0$ を考える。特性多項式は $\lambda^2 + 1 = (\lambda - i)(\lambda + i)$ であるので，一般解は $y(x) = c_1 e^{ix} + c_2 e^{-ix}$ である。Euler の公式 $e^{\pm ix} = \cos x \pm i \sin x$ を代入し，$c_1 + c_2, i(c_1 - c_2)$ を改めて c_1, c_2 と書くことで，一般解を $y(x) = c_1 \cos x + c_2 \sin x$ と表すこともできる。

この例のように特性多項式の根は実数とは限らない。そのような場合は，一般解の表示に複素数値の指数関数が現れる。しかし，Euler の公式を用いれば，一般解を実数値関数の一次結合で表すことができる。

例 5.4 $y''(x) - 2y'(x) + 5y(x) = 0$ の一般解を実数値関数の一次結合で表す。$\lambda^2 - 2\lambda + 5 = 0$ を解いて，$\lambda = 1 \pm 2i$ となる。したがって，一般解は $e^{(1+2i)x}$ と $e^{(1-2i)x}$ の一次結合となる。Euler の公式を用いると，$e^{(1\pm 2i)x} = e^x e^{\pm 2ix} = e^x(\cos 2x \pm i \sin 2x)$ である。したがって，例 5.3 と同様にして，一般解は，
$$y(x) = c_1 e^x \cos 2x + c_2 e^x \sin 2x$$
であることがわかる。

特性方程式が重根をもつ場合の例をあげる。

例 5.5 $y'''(x) - 4y''(x) + 5y'(x) - 2y(x) = 0$ を考える。特性多項式は $\lambda^3 - 4\lambda^2 + 5\lambda - 2$ であり，これは $(\lambda - 1)^2(\lambda - 2)$ と因数分解されるので，一般解は $c_1 e^x + c_2 x e^x + c_3 e^{2x}$ である。

例 5.6 $y'''(x) + 3y''(x) + 3y'(x) + y(x) = 0$ を考える。特性多項式は $\lambda^3 + 3\lambda^2 + 3\lambda + 1$ であり，これは $(\lambda + 1)^3$ と因数分解されるので，一般解は $c_1 e^{-x} + c_2 x e^{-x} + c_3 x^2 e^{-x}$ である。

問 5.2 次の微分方程式の一般解を求めよ。

(1) $y'''(x) - 2y''(x) - 5y'(x) + 6y(x) = 0,$
(2) $y'''(x) - 3y''(x) + 9y'(x) + 13y(x) = 0,$
(3) $y'''(x) - 3y''(x) + 4y(x) = 0,$
(4) $y'''(x) - 6y''(x) + 12y'(x) - 8y(x) = 0,$
(5) $y^{(4)}(x) + 5y''(x) + 6y(x) = 0.$

5.1.3 非同次方程式

非同次方程式，すなわち $b(x) \not\equiv 0$ の場合は，一般には 定理 5.1 の表示式 (5.3) の右辺を計算する統一的な方法はなく，個々に対応しなければならない。しかし，$b(x)$ が特別な関数の場合は，ある程度の計算が統一的に行える。$b(x)$ が多項式，指数関数，および三角関数の場合について解説する。

多項式

$b(x)$ が多項式の場合を考える。練習として次の問を計算してみよ。

問 5.3 $b(x) = x$ のとき，$(D-\lambda)^{-1}b(x)$ を計算せよ。

この問と同様の計算で，$b(x)$ が p 次多項式のとき，

$$(D-\lambda)^{-1}b(x) = \begin{cases} ce^{\lambda x} + (p \text{ 次多項式}) & (\lambda \neq 0 \text{ のとき}), \\ c + (p+1 \text{ 次多項式}) & (\lambda = 0 \text{ のとき}) \end{cases}$$

となることがわかる。これを繰り返して用いると次が得られる。全ての λ_j が 0 でないときは，

$$(D-\lambda_k)^{-n_k} \cdots (D-\lambda_1)^{-n_1}(p \text{ 次多項式})$$
$$= \sum_{j=1}^{k} \sum_{m=0}^{n_j-1} c_{mj} x^m e^{\lambda_j x} + (p \text{ 次多項式})$$

となる。λ_j の中に 0 となるものがある場合は次のようになる。λ_j の順序を取り替えて，$\lambda_1 = 0, \lambda_j \neq 0$ $(j=2,3,\cdots,k)$ としてよい。このとき，

$$(D-\lambda_k)^{-n_k} \cdots (D-\lambda_2)^{-n_2} D^{-n_1}(p \text{ 次多項式})$$
$$= \sum_{m=0}^{n_1-1} c_{m0} x^m + \sum_{j=2}^{k} \sum_{m=0}^{n_j-1} c_{mj} x^m e^{\lambda_j x} + (p+n_1 \text{ 次多項式})$$

となる。右辺の多項式の係数を未知として，それを方程式に代入して係数を決定すればよい (未定係数法)。$c_{mj} = 0$ とすれば多項式の部分だけでも解になるはずであるので，方程式に代入するのは多項式部分 (余因子) のみでよい。$\lambda_1 = 0$ の場合は，$p+n_1$ 次多項式の $n_1 - 1$ 次以下の項は，$\sum_{m=0}^{n_1-1} c_{m0} x^m$ に組み込めるので，方程式に代入する多項式は $n_1 - 1$ 次以下の項を含まない $p+n_1$ 次式でよい。

例 5.7 $y''(x) + 2y'(x) - 3y(x) = x + 1$ の一般解は次のようにして求められる。特性多項式が $\lambda^2 + 2\lambda - 3 = (\lambda+3)(\lambda-1)$ ($\lambda = 0$ は根でない) であり，方程式の右辺が 1 次式であるので，一般解は，

$$y(x) = c_1 e^{-3x} + c_2 e^x + K_1 x + K_0$$

の形になる。ここで，c_1, c_2 は任意定数であるが，K_1 と K_0 は任意ではない。特に，特殊解を $\bar{y}(x) = K_1 x + K_0$ とすると，その微分は $\bar{y}'(x) = K_1, \bar{y}''(x) = 0$ である。これを方程式に代入して，

$$0 + 2K_1 - 3(K_1 x + K_0) = x + 1$$

となる。係数を比較して, $-3K_1 = 1, 2K_1 - 3K_0 = 1$ となる。これらを解いて $K_1 = -\dfrac{1}{3}, K_0 = -\dfrac{5}{9}$ となる。ゆえに, 一般解は,

$$y(x) = c_1 e^{-3x} + c_2 e^x - \frac{1}{3}x - \frac{5}{9}$$

である。

例 5.8 $y'''(x) + y''(x) = x$ を考える。特性多項式が $\lambda^3 + \lambda^2 = \lambda^2(\lambda+1)$ ($\lambda = 0$ が 2 重根) であり, 方程式の右辺が 1 次式であるので, 一般解は,

$$y(x) = c_1 + c_2 x + c_3 e^{-x} + K_1 x^3 + K_0 x^2$$

の形である。c_1, c_2, c_3 は任意定数であるが, K_1 と K_0 は任意ではない。特殊解を $\bar{y}(x) = K_1 x^3 + K_0 x^2$ とすると, その微分 $\bar{y}'(x) = 3K_1 x^2 + 2K_0 x$, $\bar{y}''(x) = 6K_1 x + 2K_0$, $\bar{y}'''(x) = 6K_1$ を方程式に代入して,

$$6K_1 + 6K_1 x + 2K_0 = x$$

となる。これより, $K_1 = \dfrac{1}{6}, K_0 = -\dfrac{1}{2}$ となる。ゆえに, 一般解は,

$$y(x) = c_1 + c_2 x + c_3 e^{-x} + \frac{1}{6}x^3 - \frac{1}{2}x^2$$

である。

問 5.4 次の微分方程式の一般解を求めよ。

(1) $y''(x) - 4y'(x) + 4y(x) = 4x^2$,
(2) $y''(x) + y'(x) = x + 2$,
(3) $y'''(x) + 7y''(x) + 15y'(x) + 9y(x) = 9x^3 + 27x^2 - 18x - 22$,
(4) $y'''(x) + y''(x) - 6y'(x) = -12x + 5$,
(5) $y^{(4)}(x) + 2y'''(x) + 5y''(x) = 15x^2$.

指数関数

$b(x)$ が指数関数 $e^{\alpha x}$ ($\alpha \neq 0$) の場合を考える。$D^j e^{\alpha x} = \dfrac{d^j}{dx^j}e^{\alpha x} = \alpha^j e^{\alpha x}$ である。よって, 特性多項式 $P(\lambda)$ に対して, $P(D)e^{\alpha x} = P(\alpha)e^{\alpha x}$ となる。これは, $P(\alpha) \neq 0$ であれば, $\dfrac{e^{\alpha x}}{P(\alpha)}$ が

$$P(D)y(x) = e^{\alpha x}$$

5.1 定数係数の n 階線形微分方程式

の特殊解であることを意味する。ゆえに一般解は，

$$y(x) = \sum_{j=1}^{k}\sum_{m=0}^{n_j-1} c_{mj} x^m e^{\lambda_j x} + \frac{e^{\alpha x}}{P(\alpha)}$$

で与えられる。

$P(\alpha) = 0$ の場合を考える。これは α が特性多項式の根であることを表すので，λ_j の順序を入れ替えて，$\lambda_j \neq \alpha$ $(j = 1, 2, \cdots, k-1)$, $\lambda_k = \alpha$, であるとしてよい。したがって，微分方程式は，

$$(D - \lambda_1)^{n_1} \cdots (D - \lambda_{k-1})^{n_{k-1}} (D - \alpha)^{n_k} y(x) = e^{\alpha x}$$

となる。これは，

$$(D - \lambda_1)^{n_1} \cdots (D - \lambda_{k-1})^{n_{k-1}} z(x) = e^{\alpha x}, \quad (D - \alpha)^{n_k} y(x) = z(x)$$

と同値である。$\tilde{P}(\lambda) = (\lambda - \lambda_1)^{n_1} \cdots (\lambda - \lambda_{k-1})^{n_{k-1}}$ とおくと，

$$z(x) = \sum_{j=1}^{k-1}\sum_{m=0}^{n_j-1} c_{mj} x^m e^{\lambda x} + \frac{e^{\alpha x}}{\tilde{P}(\alpha)}$$

である。よって，

$$y(x) = (D - \alpha)^{-n_k} \left(\sum_{j=1}^{k-1}\sum_{m=0}^{n_j-1} c_{mj} x^m e^{\lambda_j x} + \frac{e^{\alpha x}}{\tilde{P}(\alpha)} \right)$$

となる。$b(x)$ が多項式のときの結果を用いると，

$$(D - \alpha)^{-1}(x^m e^{\lambda_j x}) = e^{\alpha x} \int e^{(-\lambda_j + \alpha)x} x^m dx$$
$$= e^{\lambda_j x} e^{(\alpha - \lambda_j)x} \int e^{(-\lambda_j + \alpha)x} x^m dx = e^{\lambda_j x} \times (m \text{ 次多項式})$$

となる。これを繰り返して，

$$(D - \alpha)^{-n_k}(x^m e^{\lambda_j x}) = e^{\lambda_j x} \times (m \text{ 次多項式})$$

となる。また，

$$(D - \alpha)^{-n_k} e^{\alpha x} = e^{\alpha x} \underbrace{\int \cdots \int}_{n_k \text{回}} e^{(-\alpha + \alpha)x} dx$$
$$= e^{\alpha x} \left\{ \frac{x^{n_k}}{n_k!} + (n_k - 1 \text{ 次多項式}) \right\}$$

となる。よって，

$$y(x) = \sum_{j=1}^{k}\sum_{m=0}^{n_j-1} \tilde{c}_{mj} x^m e^{\lambda_j x} + \frac{x^{n_k} e^{\alpha x}}{\tilde{P}(\alpha) n_k!}$$

となる。

まとめると次のようになる。

定理 5.3 $\alpha \neq 0$ として,
$$y^{(n)}(x) + a_1 y^{(n-1)}(x) + \cdots + a_n y(x) = e^{\alpha x}$$
を考える。特性多項式は
$$(\lambda - \lambda_1)^{n_1}(\lambda - \lambda_2)^{n_2} \cdots (\lambda - \lambda_k)^{n_k} \quad (i \neq j \text{ のとき } \lambda_i \neq \lambda_j)$$
と因数分解されたとする。

1. $P(\alpha) \neq 0$ とすると, 一般解は,
$$y(x) = \sum_{j=1}^{k} \sum_{m=0}^{n_j-1} c_{mj} x^m e^{\lambda_j x} + \frac{e^{\alpha x}}{P(\alpha)}$$
で与えられる。

2. $P(\alpha) = 0$ とする。$P(\lambda) = \tilde{P}(\lambda)(\lambda - \alpha)^\ell, \tilde{P}(\alpha) \neq 0$ とすると, 一般解は,
$$y(x) = \sum_{j=1}^{k} \sum_{m=0}^{n_j-1} c_{mj} x^m e^{\lambda_j x} + \frac{x^\ell e^{\alpha x}}{\tilde{P}(\alpha)\ell!}$$
で与えられる。

例 5.9 $y'''(x) - 5y''(x) + 3y'(x) + 9y(x) = e^{2x}$ を考える。特性多項式は $P(\lambda) = \lambda^3 - 5\lambda^2 + 3\lambda + 9 = (\lambda + 1)(\lambda - 3)^2$ である。$P(2) = 3 \neq 0$ であるので, 一般解は,
$$y(x) = c_1 e^{-x} + c_2 e^{3x} + c_3 x e^{3x} + \frac{e^{2x}}{3}$$
である。

例 5.10 $y'''(x) - 5y''(x) + 3y'(x) + 9y(x) = e^{3x}$ を考える。特性多項式は $P(\lambda) = \lambda^3 - 5\lambda^2 + 3\lambda + 9 = (\lambda + 1)(\lambda - 3)^2$ である。$P(3) = 0$ である。$\tilde{P}(\lambda) = \lambda + 1$ とすると, $P(\lambda) = \tilde{P}(\lambda)(\lambda - 3)^2, \tilde{P}(3) = 4 \neq 0$ であるので, 一般解は,
$$\begin{aligned} y(x) &= c_1 e^{-x} + c_2 e^{3x} + c_3 x e^{3x} + \frac{x^2 e^{3x}}{4 \cdot 2!} \\ &= c_1 e^{-x} + c_2 e^{3x} + c_3 x e^{3x} + \frac{x^2 e^{3x}}{8} \end{aligned}$$

5.1 定数係数の n 階線形微分方程式

である。

次のような方法もある。$y(x) = u(x)e^{\alpha x}$ とおいて $u(x)$ の方程式に直すと，右辺が1（すなわち0次式）に帰着され，$b(x)$ が多項式の場合の方法が使える。上の例の方程式をこの方法で解いてみる。

例 5.11 $y'''(x) - 5y''(x) + 3y'(x) + 9y(x) = e^{3x}$ を考える。$y(x) = u(x)e^{3x}$ とおく。$y'(x) = (u'(x) + 3u(x))e^{3x}$, $y''(x) = (u''(x) + 6u'(x) + 9u(x))e^{3x}$, $y'''(x) = (u'''(x) + 9u''(x) + 27u'(x) + 27u(x))e^{3x}$ を方程式に代入し，両辺を e^{3x} で割ると，

$$u'''(x) + 4u''(x) = 1$$

となる。この方程式の特性多項式は $\lambda^3 + 4\lambda^2 = \lambda^2(\lambda + 4)$ であるので，一般解は

$$u(x) = c_1 e^{-4x} + c_2 + c_3 x + K_0 x^2$$

の形になる。$\bar{u}(x) = K_0 x^2$ を $u(x)$ の方程式に代入すると $K_0 = \dfrac{1}{8}$ であることがわかる。ゆえに，$y(x)$ の方程式の一般解は，

$$y(x) = u(x)e^{3x} = \left(c_1 e^{-4x} + c_2 + c_3 x + \frac{x^2}{8}\right)e^{3x}$$
$$= c_1 e^{-x} + c_2 e^{3x} + c_3 x e^{3x} + \frac{x^2 e^{3x}}{8}$$

となる。

問 5.5 次の微分方程式の一般解を求めよ。

(1) $y'''(x) - 5y''(x) + 19y'(x) + 25y(x) = e^{2x}$,
(2) $y'''(x) + 5y''(x) + 19y'(x) - 25y(x) = e^{x}$,
(3) $y'''(x) - 4y''(x) - 3y'(x) + 18y(x) = e^{2x}$,
(4) $y'''(x) + 8y''(x) + 21y'(x) + 18y(x) = e^{-3x}$,
(5) $y^{(4)}(x) + 2y'''(x) - 3y''(x) - 4y'(x) + 4y(x) = e^{-2x}$.

三角関数

$\beta \neq 0$ として，

$$y_c^{(n)}(x) + a_1 y_c^{(n-1)}(x) + \cdots + a_n y_c(x) = \cos \beta x,$$

あるいは，

$$y_s^{(n)}(x) + a_1 y_s^{(n-1)}(x) + \cdots + a_n y_s(x) = \sin\beta x$$

を考える.特性多項式を $P(\lambda) = (\lambda-\lambda_1)^{n_1}(\lambda-\lambda_2)^{n_2}\cdots(\lambda-\lambda_k)^{n_k}$ ($i \neq j$ のとき $\lambda_i \neq \lambda_j$) とする. $P(i\beta)$ や $P(-i\beta)$ が 0 かそうでないかによって,一般解の形が異なる.

(i) $P(\pm i\beta) \neq 0$ のとき,

$$y_c(x) = \sum_{j=1}^{k} \sum_{m=0}^{n_j-1} c_{mj} x^m e^{\lambda_j x} + K\cos\beta x + L\sin\beta x,$$

$$y_s(x) = \sum_{j=1}^{k} \sum_{m=0}^{n_j-1} c_{mj} x^m e^{\lambda_j x} + K\cos\beta x + L\sin\beta x,$$

(ii) $P(i\beta) = 0, P(-i\beta) \neq 0$ のとき, $P(\lambda) = \tilde{P}_+(\lambda)(\lambda - i\beta)^{\ell_+}, \tilde{P}_+(i\beta) \neq 0$ とすると,

$$y_c(x) = \sum_{j=1}^{k} \sum_{m=0}^{n_j-1} c_{mj} x^m e^{\lambda_j x} + x^{\ell_+}(K\cos\beta x + L\sin\beta x) + M\cos\beta x + N\sin\beta x,$$

$$y_s(x) = \sum_{j=1}^{k} \sum_{m=0}^{n_j-1} c_{mj} x^m e^{\lambda_j x} + x^{\ell_+}(K\cos\beta x + L\sin\beta x) + M\cos\beta x + N\sin\beta x$$

(iii) $P(i\beta) \neq 0, P(-i\beta) = 0$ のとき, $P(\lambda) = \tilde{P}_-(\lambda)(\lambda + i\beta)^{\ell_-}, \tilde{P}_-(i\beta) \neq 0$ とすると,

$$y_c(x) = \sum_{j=1}^{k} \sum_{m=0}^{n_j-1} c_{mj} x^m e^{\lambda_j x} + K\cos\beta x + L\sin\beta x + x^{\ell_-}(M\cos\beta x + N\sin\beta x),$$

$$y_s(x) = \sum_{j=1}^{k} \sum_{m=0}^{n_j-1} c_{mj} x^m e^{\lambda_j x} + K\cos\beta x + L\sin\beta x + x^{\ell_-}(M\cos\beta x + N\sin\beta x)$$

(iv) $P(\pm i\beta) = 0$ のとき, $P(\lambda) = \tilde{P}(\lambda)(\lambda - i\beta)^{\ell_+}(\lambda + i\beta)^{\ell_-}$ ($\tilde{P}(\pm i\beta) \neq 0$) とすると,

$$y_c(x) = \sum_{j=1}^{k} \sum_{m=0}^{n_j-1} c_{mj} x^m e^{\lambda_j x} + x^{\ell_+}(K\cos\beta x + L\sin\beta x) + x^{\ell_-}(M\cos\beta x + N\sin\beta x),$$

$$y_s(x) = \sum_{j=1}^{k} \sum_{m=0}^{n_j-1} c_{mj} x^m e^{\lambda_j x} + x^{\ell_+}(K\cos\beta x + L\sin\beta x) + x^{\ell_-}(M\cos\beta x + N\sin\beta x)$$

の形になる.

5.1 定数係数の n 階線形微分方程式　　　　　　　　　　　　　　　　　　71

ここで c_{mj} は任意定数であるが，K, L, M, N は任意ではなく，特性多項式や β などによって決定される。詳細は，下記の定理のようになるが，長くなるので，初学者は読み飛ばして，例に取り掛かってよい。実際には，上の形を方程式に代入して，解になるように K, L, M, N を決定すればよい (未定係数法)。

定理 5.4 $y_c(x)$, $y_s(x)$ の一般解は次で与えられる。

1. $P(\pm i\beta) \neq 0$ の場合，
$$y_c(x) = \sum_{j=1}^{k}\sum_{m=0}^{n_j-1} c_{mj} x^m e^{\lambda_j x} + \frac{1}{2}\left(\frac{e^{i\beta x}}{P(i\beta)} + \frac{e^{-i\beta x}}{P(-i\beta x)}\right),$$
$$y_s(x) = \sum_{j=1}^{k}\sum_{m=0}^{n_j-1} c_{mj} x^m e^{\lambda_j x} + \frac{1}{2i}\left(\frac{e^{i\beta x}}{P(i\beta)} - \frac{e^{-i\beta x}}{P(-i\beta x)}\right),$$
となる。

2. $P(i\beta) = 0$, $P(-i\beta) \neq 0$ の場合，$P(\lambda) = \tilde{P}_+(\lambda)(\lambda-i\beta)^{\ell_+}$, $\tilde{P}_+(i\beta) \neq 0$ とおくと，
$$y_c(x) = \sum_{j=1}^{k}\sum_{m=0}^{n_j-1} c_{mj} x^m e^{\lambda_j x} + \frac{1}{2}\left(\frac{x^{\ell_+}e^{i\beta x}}{\tilde{P}_+(i\beta)\ell_+!} + \frac{e^{-i\beta x}}{P(-i\beta)}\right),$$
$$y_s(x) = \sum_{j=1}^{k}\sum_{m=0}^{n_j-1} c_{mj} x^m e^{\lambda_j x} + \frac{1}{2i}\left(\frac{x^{\ell_+}e^{i\beta x}}{\tilde{P}_+(i\beta)\ell_+!} - \frac{e^{-i\beta x}}{P(-i\beta)}\right)$$
となる。

3. $P(i\beta) \neq 0$, $P(-i\beta) = 0$ の場合，$P(\lambda) = \tilde{P}_-(\lambda)(\lambda+i\beta)^{\ell_-}$, $\tilde{P}_-(-i\beta) \neq 0$ とおくと，
$$y_c(x) = \sum_{j=1}^{k}\sum_{m=0}^{n_j-1} c_{mj} x^m e^{\lambda_j x} + \frac{1}{2}\left(\frac{e^{i\beta x}}{P(i\beta)} + \frac{x^{\ell_-}e^{-i\beta x}}{\tilde{P}_-(-i\beta)\ell_-!}\right),$$
$$y_s(x) = \sum_{j=1}^{k}\sum_{m=0}^{n_j-1} c_{mj} x^m e^{\lambda_j x} + \frac{1}{2i}\left(\frac{e^{i\beta x}}{P(i\beta)} - \frac{x^{\ell_-}e^{-i\beta x}}{\tilde{P}_-(-i\beta)\ell_-!}\right)$$
となる。

4. $P(\pm i\beta) = 0$ の場合，$P(\lambda) = \tilde{P}(\lambda)(\lambda-i\beta)^{\ell_+}(\lambda+i\beta)^{\ell_-}$, $\tilde{P}(\pm i\beta) \neq 0$ とおくと，

$$y_c(x) = \sum_{j=1}^{k} \sum_{m=0}^{n_j-1} c_{mj} x^m e^{\lambda_j x}$$
$$+ \frac{1}{2} \left(\frac{x^{\ell_+} e^{i\beta x}}{\tilde{P}(i\beta)(2i\beta)^{\ell_-} \ell_+!} + \frac{x^{\ell_-} e^{-i\beta x}}{\tilde{P}(-i\beta)(-2i\beta)^{\ell_+} \ell_-!} \right),$$
$$y_s(x) = \sum_{j=1}^{k} \sum_{m=0}^{n_j-1} c_{mj} x^m e^{\lambda_j x}$$
$$+ \frac{1}{2i} \left(\frac{x^{\ell_+} e^{i\beta x}}{\tilde{P}(i\beta)(2i\beta)^{\ell_-} \ell_+!} - \frac{x^{\ell_-} e^{-i\beta x}}{\tilde{P}(-i\beta)(-2i\beta)^{\ell_+} \ell_-!} \right)$$

となる。

証明. $y_+(x), y_-(x)$ をそれぞれ
$$P(D)y_+(x) = e^{i\beta x}, \quad P(D)y_-(x) = e^{-i\beta x}$$
の一般解とする。これらは，$b(x)$ が指数関数の場合であるので定理 5.3 によって一般解が与えられる。Euler の公式より，
$$\cos \beta x = \frac{e^{i\beta x} + e^{-i\beta x}}{2}, \quad \sin \beta x = \frac{e^{i\beta x} - e^{-i\beta x}}{2i}$$
であるので，
$$y_c(x) = \frac{y_+(x) + y_-(x)}{2}, \quad y_s(x) = \frac{y_+(x) - y_-(x)}{2i}$$
で一般解が与えられる。

1. $P(\pm i\beta) \neq 0$ の場合，
$$y_+(x) = \sum_{j=1}^{k} \sum_{m=0}^{n_j-1} \tilde{c}_{mj} x^m e^{\lambda_j x} + \frac{e^{i\beta x}}{P(i\beta)},$$
$$y_-(x) = \sum_{j=1}^{k} \sum_{m=0}^{n_j-1} \hat{c}_{mj} x^m e^{\lambda_j x} + \frac{e^{-i\beta x}}{P(-i\beta)}$$
であるので，$y_c(x)$ の場合は
$$\frac{\tilde{c}_{mj} + \hat{c}_{mj}}{2} = c_{mj},$$
$y_s(x)$ の場合は
$$\frac{\tilde{c}_{mj} - \hat{c}_{mj}}{2i} = c_{mj}$$

5.1 定数係数の n 階線形微分方程式

とおくと，定理の主張の形になる．

2. $P(i\beta) = 0$, $P(-i\beta) \neq 0$ の場合，

$$y_+(x) = \sum_{j=1}^{k}\sum_{m=0}^{n_j-1} \tilde{c}_{mj} x^m e^{\lambda_j x} + \frac{x^{\ell_+} e^{i\beta x}}{\tilde{P}_+(i\beta)\ell_+!}$$

である．$y_-(x)$ は (i) の場合と同じである．ゆえに，定理の主張の形になる．

3. $P(i\beta) \neq 0$, $P(-i\beta) = 0$ の場合，2 の場合と同様に考えればよい．あるいは，2 の結果の β に $-\beta$ を代入すればよい．

4. $P(\pm i\beta) = 0$ の場合，

$$y_+(x) = \sum_{j=1}^{k}\sum_{m=0}^{n_j-1} \tilde{c}_{mj} x^m e^{\lambda_j x} + \frac{x^{\ell_+} e^{i\beta x}}{\tilde{P}(i\beta)(2i\beta)^{\ell_-}\ell_+!},$$

$$y_-(x) = \sum_{j=1}^{k}\sum_{m=0}^{n_j-1} \hat{c}_{mj} x^m e^{\lambda_j x} + \frac{x^{\ell_-} e^{i\beta x}}{\tilde{P}(-i\beta)(-2i\beta)^{\ell_+}\ell_-!}$$

より，主張が得られる． □

Euler の公式を用いて，定理 5.4 の表示の $e^{i\beta x}$, $e^{-i\beta x}$ の部分を $\cos\beta x$, $\sin\beta x$ で表せば，この節の初めに与えた形になる．

例 5.12 $y''(x) - 2y'(x) - 8y(x) = \cos 3x$ を考える．特性多項式は $P(\lambda) = \lambda^2 - 2\lambda - 8 = (\lambda - 4)(\lambda + 2)$ であるので，一般解は，

$$y(x) = c_1 e^{4x} + c_2 e^{-2x} + K\cos 3x + L\sin 3x$$

の形である．特殊解 $\bar{y}(x) = K\cos 3x + L\sin 3x$ とその微分 $y'(x) = -3K\sin 3x + 3L\cos 3x$, $y''(x) = -9K\cos 3x - 9L\sin 3x$ を方程式に代入して，

$$(-9K - 6L - 8K)\cos 3x + (-9L + 6K - 8L)\sin 3x = \cos 3x$$

となる．$-9K - 6L - 8L = 1$, $-9L + 6K - 8L = 0$ を解いて，

$$K = -\frac{17}{325}, \quad L = \frac{6}{325}$$

となる．ゆえに，一般解は，

$$y(x) = c_1 e^{4x} + c_2 e^{-2x} - \frac{17\cos 3x - 6\sin 3x}{325}$$

となる．

未定係数法を用いなくても，定理 5.4 より一般解を求めることもできる。
$P(\pm 3i) = -17 \mp 6i \neq 0$ であるので，定理 5.4 を用いて，一般解は，

$$y(x) = c_1 e^{4x} + c_2 e^{-2x} + \frac{1}{2}\left(\frac{e^{3ix}}{-17-6i} + \frac{e^{-3ix}}{-17+6i}\right)$$

$$= c_1 e^{4x} + c_2 e^{-2x} + \frac{1}{2 \cdot 325}\left\{-(17-6i)e^{3ix} - (17+6i)e^{-3ix}\right\}$$

$$= c_1 e^{4x} + c_2 e^{-2x} - \frac{17\cos 3x - 6\sin 3x}{325}$$

となる。

例 5.13 $y'''(x) - y''(x) + 4y'(x) - 4y(x) = \sin 2x$ を考える。特性多項式は $P(\lambda) = \lambda^3 - \lambda^2 + 4\lambda - 4 = (\lambda-1)(\lambda+2i)(\lambda-2i)$ であるので，$P(\pm 2i) = 0$ である。$\ell_+ = \ell_- = 1$ であるので，この節の初めに書いた形の $K+M, L+M$ を改めて K, L と書くと，一般解は，

$$y(x) = c_1 e^c + c_2 \cos 2x + c_3 \sin 2x + x(K\cos 2x + L\sin 2x)$$

の形になる事がわかる。特殊解 $\bar{y}(x) = x(K\cos 2x + L\sin 2x)$ とその微分

$$\bar{y}'(x) = x(2L\cos 2x - 2K\sin 2x) + K\cos 2x + L\sin 2x,$$

$$\bar{y}''(x) = x(-4K\cos 2x - 4L\sin 2x) + 4L\cos 2x - 4K\sin 2x,$$

$$\bar{y}'''(x) = x(-8L\cos 2x + 8K\sin 2x) - 12K\cos 2x - 12L\sin 2x$$

を方程式に代入して，

$$(-8L + 4K + 8L - 4K)x\cos 2x + (8K + 4L - 8K - 4L)x\sin 2x$$
$$+ (-12K - 4L + 4K)\cos 2x + (-12L + 4K + 4L)\sin 2x = \sin 2x$$

となる。$-12K - 4L + 4K = 0, -12L + 4K + 4L = 1$ を解いて，$K = \dfrac{1}{20}$, $L = -\dfrac{1}{10}$ となる。ゆえに，一般解は，

$$y(x) = c_1 e^c + c_2 \cos 2x + c_3 \sin 2x + \frac{x(\cos 2x - 2\sin 2x)}{20}$$

となる。

未定係数法を用いずに定理 5.4 より一般解を求めてみる。$\tilde{P}(\lambda) = \lambda - 1$, $\ell_+ = \ell_- = 1$ であるので，一般解は，

$$y(x) = c_1 e^x + c_2 e^{-2ix} + c_3 e^{2ix} + \frac{1}{2i}\left\{\frac{xe^{2ix}}{(2i-1)(4i)1!} - \frac{xe^{-2ix}}{(-2i-1)(-4i)1!}\right\}$$

$$= c_1 e^c + \tilde{c}_2 \cos 2x + \tilde{c}_3 \sin 2x + \frac{x}{40}\left\{(2i+1)e^{2ix} - (2i-1)e^{-2ix}\right\}$$

$$= c_1 e^c + \tilde{c}_2 \cos 2x + \tilde{c}_3 \sin 2x + \frac{x(\cos 2x - 2\sin 2x)}{20}$$

となる。

問 5.6 次の微分方程式の一般解を求めよ。

(1) $y''(x) + 2y'(x) + y(x) = \sin 2x$,
(2) $y''(x) - 2y'(x) + 5y(x) = \cos 2x$,
(3) $y'''(x) + 2y''(x) - y'(x) - 2y(x) = 17\cos \frac{1}{2}x$,
(4) $y'''(x) + 3y''(x) + y'(x) + 3y(x) = \sin x$,
(5) $y^{(4)}(x) + 13y''(x) + 36y(x) = 5\sin 2x$.

5.2 実係数の2階線形微分方程式

前節で，定数係数の n 階線形微分方程式の一般的な解法を示した。この節では特に工学的に重要な実係数の2階線形微分方程式の解法についてまとめる。係数によって特性根が，2つの実数になる場合，2つの互いに共役な複素数になる場合，重解になる場合に分類される。それぞれの場合について前節の計算をまとめ直す。

第1章1.5節に示したようにバネの振動 (力学) は実係数の2階の線形微分方程式で記述される。また，インダクタ L，抵抗 R，コンデンサ C を直列に時間変化する電圧源 $E(t)$ に接続した電気回路の微分方程式は，回路に流れる電流を I，その時間積分である電荷を $Q = \int_{t_0}^{t} I(t^*)\,dt^*$ として

$$L\frac{dI}{dt} + RI + \frac{1}{C}\int_{t_0}^{t} I(t^*)\,dt^* = E(t)$$

と表される。この両辺を時間 t について微分すると

$$L\frac{d^2 I}{dt^2} + R\frac{dI}{dt} + \frac{1}{C}I = \frac{dE}{dt}$$

が得られる。時間 t の関数 $I(t)$ の2階微分を含むので実係数の2階線形微分方程式である。このように工学で応用される物理系では実係数の2階線形微分方程式の解法が役に立つ場面が多い。

5.2.1 実係数の 2 階同次微分方程式

実係数の 2 階線形同次微分方程式
$$y''(x) + a_1 y'(x) + a_2 y(x) = 0 \tag{5.7}$$
の一般解を求める方法をまとめておく。

微分方程式 (5.7) の特性多項式は
$$P(\lambda) = \lambda^2 + a_1 \lambda + a_2 \tag{5.8}$$
である。二次方程式の解の公式より，$P(\lambda) = 0$ の解は
$$\lambda_1 = \frac{1}{2}\left(-a_1 + \sqrt{a_1^2 - 4a_2}\right), \quad \lambda_2 = \frac{1}{2}\left(-a_1 - \sqrt{a_1^2 - 4a_2}\right)$$
である。解の判別式 $a_1^2 - 4a_2$ の符号により以下のように一般解が求められる。

2 つの異なる実根をもつ場合 ($a_1^2 - 4a_2 > 0$)

$P(\lambda) = 0$ が異なる 2 実根 λ_1, λ_2 をもつ場合，2 つの基本解は
$$y_1(x) = e^{\lambda_1 x}, \quad y_2(x) = e^{\lambda_2 x}$$
であり，一般解は
$$y(x) = c_1 e^{\lambda_1 x} + c_2 e^{\lambda_2 x} \qquad (c_1, c_2 \text{ は任意定数}) \tag{5.9}$$
となる。

2 つの共役複素根をもつ場合 ($a^2 - 4a_2 < 0$)

$P(\lambda) = 0$ が 2 つの共役複素根
$$\lambda_1 = \alpha + i\beta, \quad \lambda_2 = \alpha - i\beta$$
$$\text{ただし，} \alpha = -\frac{a_2}{2}, \beta = \sqrt{a_2 - \frac{a_1^2}{4}}$$
をもつ場合，2 つの基本解は Euler の公式を用いて
$$e^{\lambda_1 x} = e^{\alpha x}(\cos \beta x + i \sin \beta x), \quad e^{\lambda_2 x} = e^{\alpha x}(\cos \beta x - i \sin \beta x)$$
となる。この基本解の実部と虚部は
$$\frac{e^{\lambda_1 x} + e^{\lambda_2 x}}{2} = e^{\alpha x} \cos \beta x, \quad \frac{e^{\lambda_1 x} - e^{\lambda_2 x}}{2i} = e^{\alpha x} \sin \beta x$$
となり，一次独立で 2 つの基本解の組となる。一般解は，これらを用いて
$$y(x) = e^{\alpha x}(c_1 \cos \beta x + c_2 \sin \beta x) \qquad (c_1, c_2 \text{ は任意定数}) \tag{5.10}$$
となる。

5.2 実係数の2階線形微分方程式

重根をもつ場合 ($a_1^2 - 4a_2 = 0$)

$P(\lambda) = 0$ が重根 $\lambda_1 = -\frac{a_1}{2}$ をもつ場合,1つ目の基本解は

$$y_1(x) = e^{\lambda_1 x} \qquad (ただし,\ \lambda_1 = -\frac{a_1}{2})$$

である。もう1つの基本解は定数変化法により求めることができる。もう1つの基本解を $y_2(x) = c(x)y_1(x) = c(x)e^{\lambda_1 x}$ とおくと,

$$y_2'(x) = c'(x)e^{\lambda_1 x} + \lambda_1 c(x)e^{\lambda_1 x},$$
$$y_2''(x) = c''(x)e^{\lambda_1 x} + 2\lambda_1 c'(x)e^{\lambda_1 x} + \lambda_1^2 c(x)e^{\lambda_1 x}$$

であるから,これらを式 (5.7) に代入して整理すると

$$c''e^{\lambda x} + P'(\lambda_1)c'e^{\lambda x} + P(\lambda_1)ce^{\lambda x} = 0$$

となり,$P'(\lambda_1) = P(\lambda_1) = 0$ に注意して $c'' = 0$ が得られる。この1つの解 $c(x) = x$ を用いると一次独立な基本解の組は,

$$y_1(x) = e^{\lambda_1 x}, \quad y_2(x) = xe^{\lambda_1 x}$$

となる。したがって一般解は

$$y(x) = c_1 e^{\lambda_1 x} + c_2 x e^{\lambda_1 x} = (c_1 + c_2 x)e^{\lambda_1 x} \tag{5.11}$$

$$(c_1, c_2\ は任意定数)$$

となる。

以上をまとめると,表 5.1 に示す通りである。

表 5.1 実係数の2階同次線形微分方程式の基本解と一般解

$P(\lambda) = 0$ の解	式 (5.7) の基本解	式 (5.7) の一般解
異なる実根 λ_1, λ_2	$\{e^{\lambda_1 x}, e^{\lambda_2 x}\}$	$y(x) = c_1 e^{\lambda_1 x} + c_2 e^{\lambda_2 x}$
共役複素根 $\alpha \pm i\beta$	$\{e^{\alpha x}\cos\beta x, e^{\alpha x}\sin\beta x\}$	$y(x) = e^{\alpha x}(c_1 \cos\beta x + c_2 \sin\beta x)$
重根 $\lambda_1 (= -\frac{a_1}{2})$	$\{e^{\lambda_1 x}, xe^{\lambda_1 x}\}$	$y(x) = (c_1 + c_2 x)e^{\lambda_1 x}$

c_1, c_2 は任意定数

例 5.14 微分方程式 $y''(x) - y'(x) - 6y(x) = 0$ の一般解を求める。特性多項式

$$P(\lambda) = \lambda^2 - \lambda - 6 = (\lambda + 2)(\lambda - 3)$$

であり,$P(\lambda) = 0$ は異なる2実根 $\lambda_1 = -2, \lambda_2 = 3$ をもつ。したがって,一

般解は
$$y(x) = c_1 e^{-2x} + c_2 e^{3x} \qquad (c_1, c_2 \text{ は任意定数})$$

である。

例 5.15 微分方程式 $y''(x) - 2y'(x) + 10y(x) = 0$ において，初期値 $y(0) = -1, y'(0) = 6$ のときの初期値問題の解を求める。特性多項式は

$$P(\lambda) = \lambda^2 - 2\lambda + 10 = (\lambda - 1 - 3i)(\lambda - 1 + 3i)$$

であり，$P(\lambda) = 0$ は 2 つの共役複素根 $\alpha \pm i\beta = 1 \pm 3i$ をもつから，2 つの基本解は

$$y_1(x) = e^x \cos 3x, \quad y_2(x) = e^x \sin 3x$$

である。したがって，一般解は

$$y(x) = e^x(c_1 \cos 3x + c_2 \sin 3x) \qquad (c_1, c_2 \text{ は任意定数})$$

である。$y'(x) = e^x(-3c_1 \sin 3x + 3c_2 \cos 3x)$ であるから，初期値より $y(0) = c_1 = -1, y'(0) = 3c_2 = 6$ であり，$c_2 = 2$ が得られる。したがって，求める初期値問題の解は

$$y(x) = e^x(-\cos 3x + 2\sin 3x)$$

である。

例 5.16 微分方程式 $y''(x) + 6y'(x) + 9y(x) = 0$ の一般解を求める。特性多項式は

$$P(\lambda) = \lambda^2 + 6\lambda + 9 = (\lambda + 3)^2$$

であり，$P(\lambda) = 0$ は重根 $\lambda = -3$ をもつから，2 つの基本解は，

$$y_1(x) = e^{-3x}, y_2(x) = xe^{-3x}$$

である。したがって，一般解は

$$y(x) = c_1 e^{-3x} + c_2 x e^{-3x} \qquad (c_1, c_2 \text{ は任意定数})$$

である。

5.2 実係数の 2 階線形微分方程式

問 5.7 次の微分方程式の一般解を求めよ。

(1) $y''(x) - 16y(x) = 0$,
(2) $y''(x) - y'(x) - 2y(x) = 0$,
(3) $y''(x) + 8y(x) = 0$,
(4) $y''(x) + 4y'(x) + 5y(x) = 0$,
(5) $y''(x) + 6y'(x) + 9y(x) = 0$.

問 5.8 次の初期値問題の解を求めよ。

(1) $y''(x) - 9y(x) = 0, y(0) = 4, y'(0) = 0$,
(2) $y''(x) + 4y'(x) + 3y(x) = 0, y(0) = 5, y'(0) = -9$,
(3) $y''(x) + 2y'(x) + y(x) = 0, y(0) = 3, y'(0) = -4$,
(4) $y''(x) + 4y(x) = 0, y(\frac{\pi}{4}) = 2, y'(\frac{\pi}{4}) = 10$,
(5) $y''(x) - 6y'(x) + 13y(x) = 0, y(0) = 3, y'(0) = -1$.

5.2.2 実係数の 2 階非同次微分方程式

前節において非同次微分方程式の $b(x)$ が多項式，指数関数，三角関数の場合について解説した．本節では，実係数の 2 階非同次線形微分方程式

$$y''(x) + a_1 y'(x) + a_2 y(x) = b(x) \tag{5.12}$$

において，$b(x)$ が多項式，指数関数，三角関数やその和の場合についての未定係数法による解法をまとめておく．

多項式 $b(x) = A_0 + A_1 x + \cdots + A_p x^p (A_0, A_1, \cdots, A_p$ は定数$)$
(i) $P(0) \neq 0$ の場合 ($a_2 \neq 0$)
未定係数を $K_0, K_1, \cdots, K_{p-1}, K_p$ として特殊解を

$$\bar{y}(x) = K_0 + K_1 x + \cdots + K_p x^p$$

とおく．1 階微分，2 階微分は

$$\bar{y}'(x) = K_1 + 2K_2 x + \cdots + pK_p x^{p-1},$$
$$\bar{y}''(x) = 2K_2 + 6K_3 x + \cdots + p(p-1)K_p x^{p-2}$$

であるから

$$\bar{y}''(x) + a_1 \bar{y}'(x) + a_2 \bar{y}(x)$$

$$= 2K_2 + a_1 K_1 + a_2 K_0 + (6K_3 + 2a_1 K_2 + a_2 K_1)x$$
$$+ (12K_4 + 3a_1 K_3 + a_2 K_2)x^2$$
$$+ \cdots$$
$$+ [p(p-1)K_p + a_1(p-1)K_{p-1} + a_2 K_{p-2}]x^{p-2}$$
$$+ (a_1 p K_p + a_2 K_{p-1})x^{p-1} + a_2 K_p x^p$$
$$= A_0 + A_1 x + \cdots + A_p x^p$$

が得られる。したがって，$\lambda = 0$ が $P(\lambda) = 0$ の解でない場合，未定係数を $K_0, K_1, \cdots, K_{p-1}, K_p$ として特殊解を

$$\bar{y}(x) = K_0 + K_1 x + \cdots + K_p x^p \tag{5.13}$$

とおき，式 (5.12) に代入し，係数を比較して K_j $(j = 0, 1, \cdots, p)$ を求めれば特殊解が求まる。

(ii) $P(0) = 0$ の場合 $(a_1 \neq 0, a_2 = 0)$

式 (5.13) の右辺に x を掛けて，特殊解を

$$\bar{y}(x) = K_0 x + K_1 x^2 + \cdots + K_p x^{p+1} \tag{5.14}$$

とおき，式 (5.12) に代入し，係数を比較して K_j $(j = 0, 1, \cdots, p)$ を求めれば特殊解が求まる。

例 5.17 微分方程式 $y''(x) + y'(x) - 6y(x) = -6x$ の特殊解を求める。$\lambda = 0$ は，対応する同次方程式の $P(\lambda) = 0$ の解ではないので，特殊解を

$$\bar{y}(x) = K_0 + K_1 x$$

とおく。$\bar{y}'(x) = K_1, \bar{y}''(x) = 0$ であるから

$$\bar{y}''(x) + \bar{y}'(x) - 6\bar{y}(x) = K_1 - 6(K_0 + K_1 x)$$
$$= K_1 - 6K_0 - 6K_1 x = -6x$$

であり，係数を比較して $K_1 = 1, K_0 = \frac{1}{6}$ が得られる。したがって特殊解は

$$\bar{y}(x) = \frac{1}{6} + x$$

である。

指数関数 $b(x) = Ae^{\alpha x} (A, \alpha$ は定数$)$

(i) $P(\alpha) \neq 0$ の場合

$P(\alpha) = \alpha^2 + a_1 \alpha + a_2 \neq 0$ である。このとき，未定係数を K として特殊解を

5.2 実係数の 2 階線形微分方程式

$\bar{y}(x) = Ke^{\alpha x}$ とおく。$\bar{y}'(x) = \alpha K e^{\alpha x}$, $\bar{y}''(x) = \alpha^2 K e^{\alpha x}$ であるから、これらを式 (5.12) に代入してみると

$$\bar{y}''(x) + a_1 \bar{y}'(x) + a_2 \bar{y}(x) = K(\alpha^2 + a_1 \alpha + a_2) e^{\alpha x}$$
$$= KP(\alpha) e^{\alpha x} = A e^{\alpha x}$$

である。したがって、$P(\alpha) \neq 0$ の場合、特殊解は

$$\bar{y}(x) = \frac{A}{P(\alpha)} e^{\alpha x}$$

である。

(ii) $P(\alpha) = 0$ の場合

$P(\alpha) = \alpha^2 + a_1 \alpha + a_2 = 0$ である。このとき、$y(x)$ の基底の 1 つは $e^{\alpha x}$ となり $Ke^{\alpha x}$ は特殊解とならない。そこで、新たに特殊解を $\bar{y}(x) = Kc(x) e^{\alpha x}$ とおく。この 1 階微分、2 階微分は

$$\bar{y}'(x) = Kc'(x) e^{\alpha x} + \alpha K c(x) e^{\alpha x}$$
$$\bar{y}''(x) = Kc''(x) e^{\alpha x} + 2\alpha K c'(x) e^{\alpha x} + \alpha^2 K c(x) e^{\alpha x}$$

であるから、これらを式 (5.12) に代入して、$P(\alpha) = 0$ に注意して整理すると

$\bar{y}''(x) + a_1 \bar{y}'(x) + a_2 \bar{y}(x)$
$$= Kc''(x) e^{\alpha x} + K(2\alpha + a_1) c'(x) e^{\alpha x} + K(\alpha^2 + a_1 \alpha + a_2) c(x) e^{\alpha x}$$
$$= Kc''(x) e^{\alpha x} + KP'(\alpha) c'(x) e^{\alpha x} + KP(\alpha) c(x) e^{\alpha x}$$
$$= Kc''(x) e^{\alpha x} + KP'(\alpha) c'(x) e^{\alpha x} = A e^{\alpha x} \tag{5.15}$$

が得られる。

$P(\lambda) = 0$ が異なる実根 λ_1, λ_2 をもち、α がそのいずれかと等しい ($P(\alpha) = 0$ かつ $P'(\alpha) \neq 0$) 場合、式 (5.15) を満たす 1 つの解は $c(x) = x$ ($c''(x) = 0, c'(x) = 1$) である。したがって、α が $P(\lambda) = 0$ の単根と等しい場合、特殊解は

$$\bar{y}(x) = \frac{A}{P'(\alpha)} x e^{\alpha x}$$

である。

$P(\lambda) = 0$ が重根 λ_1 をもち、$\alpha = \lambda_1$ ($P(\alpha) = 0$ かつ $P'(\alpha) = 0$) の場合、式 (5.15) は

$$Kc''(x) e^{\alpha x} = A e^{\alpha x}$$

となる。これを満たす 1 つの解は $c(x) = x^2$ ($c'(x) = 2x, c''(x) = 2$) である。したがって、特殊解は

$$\bar{y}(x) = \frac{A}{2}x^2 e^{\alpha x}$$

である。

例 5.18 微分方程式 $y''(x) + y'(x) - 6y(x) = 10e^{-2x}$ の一般解を求める。特性多項式は $\lambda^2 + \lambda - 6 = (\lambda - 2)(\lambda + 3)$ である。$P(\lambda) = 0$ は異なる 2 実根 $\lambda_1 = 2, \lambda_2 = -3$ をもち，$P(-2) = -4 \neq 0$ である。したがって，一般解は

$$\begin{aligned} y(x) &= c_1 e^{2x} + c_2 e^{-3x} + \frac{10}{P(-2)} e^{-2x} \\ &= c_1 e^{2x} + c_2 e^{-3x} - \frac{5}{2} e^{-2x} \end{aligned}$$

である。

例 5.19 微分方程式 $y''(x) - 5y'(x) + 6y(x) = 10e^{3x}$ の一般解を求める。特性多項式は $\lambda^2 - 5\lambda + 6 = (\lambda - 2)(\lambda - 3)$ である。$P(\lambda) = 0$ は異なる 2 実根 $\lambda_1 = 2, \lambda_2 = 3$ をもち，$P(3) = 0, P'(3) = 1 \neq 0$ である。したがって，一般解は

$$\begin{aligned} y(x) &= c_1 e^{2x} + c_2 e^{3x} + \frac{10}{P'(3)} x e^{3x} \\ &= c_1 e^{2x} + c_2 e^{3x} + 10x e^{3x} \end{aligned}$$

である。

三角関数 $b(x) = A \cos \beta x$ あるいは，$A \sin \beta x (A, \beta$ は実定数)

(i) $P(\pm i\beta) \neq 0$ の場合

$\cos \beta x, \sin \beta x$ は対応する同次方程式の基底ではない。そこで，未定係数を K, L として特殊解を

$$\bar{y}(x) = K \cos \beta x + L \sin \beta x \tag{5.16}$$

とおく。この 1 階微分，2 階微分は

$$\bar{y}'(x) = -\beta K \sin \beta x + \beta L \cos \beta x, \quad \bar{y}''(x) = -\beta^2 (K \cos \beta x + L \sin \beta x)$$

であるから

$$\begin{aligned} \bar{y}''(x) &+ a_1 \bar{y}'(x) + a_2 \bar{y}(x) \\ &= [(a_2 - \beta^2)K + a_1 \beta L] \cos \beta x + [(a_2 - \beta^2)L - a_1 \beta K] \sin \beta x \\ &= A \cos \beta x \text{ あるいは，} A \sin \beta x \end{aligned}$$

が得られる。したがって，$P(\pm i\beta) \neq 0$ の場合，特殊解を式 (5.16) とおき，式

5.2 実係数の 2 階線形微分方程式

(5.12) に代入し，係数を比較して K, L を求めれば特殊解が求まる。

(ii) $P(\pm i\beta) = 0$ の場合

$a_1 = 0$ かつ $a_2 = \beta^2$ であり，式 (5.16) は対応する同次方程式の一般解 $y(x)$ となる。そこで，指数関数の例にならって特殊解を

$$\bar{y}(x) = Kx\cos\beta x + Lx\sin\beta x \tag{5.17}$$

とおく。この 1 階微分，2 階微分は

$$\bar{y}'(x) = K\cos\beta x - \beta Kx\sin\beta x + L\sin\beta x + \beta Lx\cos\beta x,$$
$$\bar{y}''(x) = -2\beta K\sin\beta x - \beta^2 Kx\cos\beta x + 2\beta L\cos\beta x - \beta^2 Lx\sin\beta x$$
$$= -2\beta K\sin\beta x + 2\beta L\cos\beta x - \beta^2 \bar{y}(x)$$

であるから，

$$\bar{y}''(x) + a_2\bar{y}(x) = -2\beta K\sin\beta x + 2\beta L\cos\beta x$$
$$= A\cos\beta x \text{ あるいは}, A\sin\beta x$$

が得られる。したがって，$P(\pm i\beta) = 0 (a = 0$ かつ $b = \beta^2)$ の場合，特殊解を式 (5.17) とおき，式 (5.12) に代入し，係数を比較して K, L を求めれば特殊解が求まる。

例 5.20 微分方程式 $y''(x) + y'(x) - 6y(x) = 10\cos x$ の特殊解を求める。特性多項式は $\lambda^2 + \lambda - 6 = (\lambda + 3)(\lambda - 2)$ と因数分解され $P(\pm i) \neq 0$ である。したがって特殊解を

$$\bar{y}(x) = K\cos x + L\sin x$$

とおき，それとその微分

$$\bar{y}'(x) = -K\sin x + L\cos x, \quad \bar{y}''(x) = -K\cos x - L\sin x$$

を方程式に代入して

$$\bar{y}''(x) + y'(x) - 6\bar{y}(x) = (-K + L - 6K)\cos x + (-L - K - 6L)\sin x$$
$$= (-7K + L)\cos x - (K + 7L)\sin x$$
$$= 10\cos x$$

である。係数を比較して $K = -\frac{7}{5}, L = \frac{1}{5}$ が得られる。したがって特殊解は

$$\bar{y}(x) = -\frac{7}{5}\cos x + \frac{1}{5}\sin x$$

である。

例 5.21 微分方程式 $y''(x) + y(x) = 10\cos x$ の特殊解を求める。特性多項式は $\lambda^2 + 1 = (\lambda - i)(\lambda + i)$ と因数分解され $P(\pm i) = 0$ である。したがって，特殊解を
$$\bar{y}(x) = Kx\cos x + Lx\sin x$$
とおき，これとこの微分
$$\bar{y}'(x) = K\cos x - Kx\sin x + L\sin x + Lx\cos x,$$
$$\bar{y}''(x) = -2K\sin x - Kx\cos x + 2L\cos x - Lx\sin x$$
を方程式に代入して
$$\bar{y}''(x) + \bar{y}(x) = -2K\sin x + 2L\cos x$$
$$= 10\cos x$$
である。係数を比較して $K = 0, L = 5$ が得られる。したがって特殊解は
$$\bar{y}(x) = 5x\sin x$$
である。

未定係数法による実係数の 2 階非同次微分方程式の特殊解のおき方をまとめると，表 5.2 のようになる。

表 5.2 未定係数法による特殊解のおき方

$b(x)$ の形	$P(\lambda)$ による判定	特殊解 $\bar{y}(x)$ の形
$\sum_{k=0}^{n} A_k x^k$	$P(0) \neq 0$	$\sum_{k=0}^{n} K_k x^k$
	$P(0) = 0$	$\sum_{k=0}^{n} K_k x^{k+1}$
$Ae^{\alpha x}$	$P(\alpha) \neq 0$	$Ke^{\alpha x} = \frac{A}{P(\alpha)} e^{\alpha x}$
	$P(\alpha) = 0, \alpha = \lambda_1 \neq \lambda_2$ (異なる実根)	$Kxe^{\alpha x} = \frac{A}{P'(\alpha)} xe^{\alpha x}$
	$P(\alpha) = 0, \alpha = \lambda_1 = \lambda_2$ (重根)	$Kx^2 e^{\alpha x} = \frac{A}{2} x^2 e^{\alpha x}$
$A\cos\beta x$ $A\sin\beta x$	$P(\pm i\beta) \neq 0$	$K\cos\beta x + L\sin\beta x$
	$P(\pm i\beta) = 0$	$Kx\cos\beta x + Lx\sin\beta x$

問 5.9 次の微分方程式の一般解を求めよ。

(1) $y''(x) - y'(x) - 2y(x) = 4x,$

(2) $y''(x) + y'(x) = -3x^2 + 4x - 5,$

(3) $y''(x) + 2y(x) = 4e^{3x},$

(4) $y''(x) - 5y(x) = 10e^{\sqrt{5}x},$

(5) $y''(x) - 2y'(x) + y(x) = 3e^{-x}$,
(6) $y''(x) + 4y'(x) + 4y(x) = -4e^{-2x}$,
(7) $y''(x) + 4y'(x) + 5y(x) = 2e^{-2x}$,
(8) $y''(x) - y'(x) - 2y(x) = 4\sin x$,
(9) $y''(x) + y(x) = 6\cos x$,
(10) $y''(x) - 2y'(x) + 5y(x) = 5\sin 2x$.

問 5.10 次の初期値問題の解を求めよ。

(1) $y''(x) - y'(x) - 2y(x) = x, y(0) = 1, y'(0) = 0$,
(2) $y''(x) - 2y'(x) + y(x) = e^{2x}, y(0) = 4, y'(0) = 3$,
(3) $y''(x) + y(x) = 2\sin x, y(0) = 5, y'(0) = 4$.

章末問題 5

1 次の問に答えよ。

(1) 非同次微分方程式
$$y^{(n)}(x) + a_1 y^{(n-1)}(x) + \cdots + a_n y(x) = b_1(x),$$
$$y^{(n)}(x) + a_1 y^{(n-1)}(x) + \cdots + a_n y(x) = b_2(x)$$
の特殊解をそれぞれ $\bar{y}_1, \bar{y}_2$ とする。このとき，
$$\bar{y}(x) = A_1 \bar{y}_1(x) + A_2 \bar{y}_2(x) \quad (A_1, A_2 \text{は定数})$$
は，微分方程式
$$y^{(n)}(x) + a_1 y^{(n-1)}(x) + \cdots + a_n y(x) = A_1 b_1(x) + A_2 b_2(x)$$
の特殊解であることを示せ。

(2) (1) の結果を用いて，次の微分方程式の一般解を求めよ。

　(a) $y''(x) - y(x) = 2e^{3x} - 4\cos x$,
　(b) $y''(x) + 5y'(x) + 6y(x) = 6x^2 - 3 + 4\cos 2x$,
　(c) $y''(x) - 4y'(x) + 4y(x) = 3e^x + 4e^{2x}$,
　(d) $y''(x) + y(x) = -4\sin 3x + 6\cos 2x$.
　(e) $y'''(x) + 2y''(x) - y'(x) - 2y(x) = \sin x + \cos 2x$,

(f) $y^{(4)}(x) + 13y''(x) + 36y(x) = \sin 2x + \cos 3x$.

(3) (1) の結果を用いて，初期値問題 $y''(x)+2y'(x)-15y(x) = 18\cos 3x+27e^{4x}$，$y(0) = 6$, $y'(0) = -1$ を解け．

2 次の微分方程式の一般解を求めよ．

(1) $y''(x) - 6y'(x) + 9y(x) = 13\cos^2 x$,

(2) $y'''(x) + 4y'(x) = \sin^2 x$,

(3) $y''(x) + 3y'(x) + 2y(x) = 10\sin 2x \cos 3x$,

(4) $y'''(x) - y''(x) + 9y'(x) - 9y(x) = 2\cos x \cos 2x$,

(5) $y'''(x) - 3y'(x) - 2y(x) = (e^x - 1)^2$.

3 長さ ℓ，質量 m の単振り子の運動方程式は，

$$m\ell \frac{d^2\theta(t)}{dt^2} = -mg\sin\theta(t)$$

で与えられる．ここに，$\theta = \theta(t)$ は時刻 t における角変位である．θ は十分小さく $\sin\theta \fallingdotseq \theta$ と近似できるとする．

(1) 振り子を $\theta = \theta_0$ の位置で静かに放したときの，$\theta(t)$ を求めよ．

(2) 振り子の周期 T (一往復にかかる時間) を求めよ．

4 質量 m の質点が，バネ定数 $k(>0)$ のバネによる復元力，速度に比例する抵抗 (比例定数 $c(>0)$)，および外力 $F(t)$ を受けているとする．このとき，質点の平衡位置からの変位 $x = x(t)$ に関する微分方程式は

$$m\frac{d^2x(t)}{dt^2} + c\frac{dx(t)}{dt} + kx(t) = F(t)$$

で与えられる．$F(t) = F_0 \cos\omega_0 t$ のとき，変位 $x(t)$ を求めよ．ただし，F_0, ω_0 は正の定数とする．

5 RLC 回路は，抵抗 $R(\geqq 0)$，インダクタンス $L(>0)$，キャパシタンス $C(>0)$ が直列に接続された回路である．この，RLC 回路に電源 $E(t)$ を接続したときに回路に流れる電流 $I = I(t)$ に関する微分方程式は

$$L\frac{d^2I(t)}{dt^2} + R\frac{dI(t)}{dt} + \frac{1}{C}I(t) = \frac{dE(t)}{dt}$$

で与えられる．$E(t) = E_0 e^{i\omega_0 t}$ のとき，電流 $I(t)$ を求めよ．ただし，E_0, ω_0 は正の定数とし，$e^{i\omega_0 t}$ 等は指数関数のまま扱え．さらに，この RLC 回路のリアクタンス X，インピーダンス Z は $X = \omega_0 L - \frac{1}{\omega_0 C}$, $Z = R + iX$ と与えられることに注意せよ．

6

連立線形微分方程式

　この章では，連立線形微分方程式を扱う．すでに第3章で1階連立線形微分方程式について，同次方程式の基本解から非同次方程式の一般解を求める方法を学んだ．ここでは，定数係数の場合に解を具体的に求める方法について学ぶ．6.2節では行列の指数関数を導入して1階の連立線形微分方程式の基本解を求める．6.3節では高階の場合も含め，消去法により非同次の定数係数連立線形微分方程式を解く方法について述べる．

6.1 連立微分方程式

　ここまで主に単独の微分方程式を扱ってきたが，応用上は未知関数を複数含む，連立微分方程式を扱うことも多い．

例 6.1 2つのコイル (インダクタンス L_1, L_2) と3つの電気抵抗 (抵抗値 R_1, R_2, R_3)，起電力 $E = E(t)$ からなる回路 (図 6.1) を流れる電流 $I_1 = I_1(t)$, $I_2 = I_2(t)$ は連立線形微分方程式

$$\begin{cases} L_1 \dfrac{dI_1}{dt} + R_1 I_1 + R_3(I_1 - I_2) = E(t), \\ L_2 \dfrac{dI_2}{dt} + R_2 I_2 + R_3(I_2 - I_1) = 0 \end{cases} \quad (6.1)$$

を満たす．ここで，t は時間を表す変数である．(6.1) は定数係数の1階2元連立線形微分方程式で，各方程式を正規形に直し，行列を用いれば

$$\frac{d}{dt} \begin{pmatrix} I_1 \\ I_2 \end{pmatrix} = \begin{pmatrix} -\dfrac{R_1 + R_3}{L_1} & \dfrac{R_3}{L_1} \\ \dfrac{R_3}{L_2} & -\dfrac{R_2 + R_3}{L_2} \end{pmatrix} \begin{pmatrix} I_1 \\ I_2 \end{pmatrix} + \begin{pmatrix} \dfrac{E(t)}{L_1} \\ 0 \end{pmatrix} \quad (6.2)$$

と表せる．

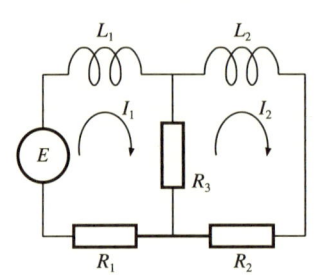

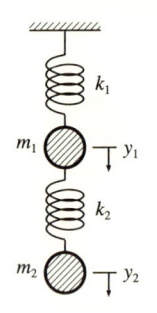

図 6.1 2つの連結した LR 回路　　**図 6.2** 2重結合振動子

例 6.2 2つのばねと2つのおもりを図 6.2 のようにつなげた結合振動子の平衡状態からの変位 $y_1 = y_1(t), y_2 = y_2(t)$ は連立線形微分方程式

$$\begin{cases} m_1 \dfrac{d^2 y_1}{dt^2} = k_2(y_2 - y_1) - k_1 y_1, \\ m_2 \dfrac{d^2 y_2}{dt^2} = -k_2(y_2 - y_1) \end{cases} \tag{6.3}$$

を満たす。ここで、t は時間を表す変数、$k_i, m_i\ (i=1,2)$ はそれぞればね定数、おもりの質量を表す正定数である。(6.3) は 2 階の連立微分方程式であるが、3.2 節で述べたように、$y_3 = \dfrac{dy_1}{dt}, y_4 = \dfrac{dy_2}{dt}$ を導入することで

$$\frac{d}{dt}\begin{pmatrix} y_1 \\ y_2 \\ y_3 \\ y_4 \end{pmatrix} = \begin{pmatrix} 0 & 0 & 1 & 0 \\ 0 & 0 & 0 & 1 \\ -(k_1+k_2)/m_1 & k_2/m_1 & 0 & 0 \\ k_2/m_2 & -k_2/m_2 & 0 & 0 \end{pmatrix} \begin{pmatrix} y_1 \\ y_2 \\ y_3 \\ y_4 \end{pmatrix} \tag{6.4}$$

と 1 階 4 元連立線形微分方程式に書き直すこともできる。

例 6.3 被食者 (草食動物, エサ) と捕食者 (肉食動物) の 2 種類の生物からなる系における、それぞれの個体数 $x(t), y(t)$ の時間変化を表すモデルとして、連立微分方程式[1]

$$\begin{cases} \dfrac{dx}{dt} = (\alpha - \beta y)\,x, \\ \dfrac{dy}{dt} = (-\gamma + \delta x)\,y \end{cases} \tag{6.5}$$

---

[1] (6.5) は **Lotka-Volterra** (ロトカ・ヴォルテラ) **被食捕食モデル**とよばれる、生物の個体数に関する数理モデルの 1 つ。

が提案されている。ここで, $\alpha, \beta, \gamma, \delta$ は正定数である。このモデルは Malthus の法則[2]を基礎におき，被食者の増加率は正定数 α (捕食者がいないときの自然増加率) から捕食者数に比例した値 βy (食べられる率) を引いたものとして，捕食者の増加率は負定数 $-\gamma$ (エサがいないときの自然減少率) に被食者数に比例した値 δx (エサにありつける率) を加えたものとして立てた式である。

例 6.1, 6.2 は線形の, 例 6.3 は非線形の連立微分方程式である。一般に非線形の連立微分方程式は扱いが難しい。線形であっても変数係数の場合，基本解を求めるのは容易でない。この章では定数係数の連立線形微分方程式を扱う。

6.2 行列の指数関数

この節では (6.2) や (6.4) などの 1 階の定数係数連立線形微分方程式に対して，対応する同次方程式の基本解を具体的に求める方法について学ぶ。基本解が求まれば，非同次方程式の一般解は 3.1 節の定理 3.5 を用いて求められる。

同次形の定数係数 n 元連立 1 階線形微分方程式は，

$$\boldsymbol{y}(x) = \begin{pmatrix} y_1(x) \\ \vdots \\ y_n(x) \end{pmatrix}, \quad A = \begin{pmatrix} a_{11} & \cdots & a_{1n} \\ \vdots & \ddots & \vdots \\ a_{n1} & \cdots & a_{nn} \end{pmatrix}$$

として

$$\boldsymbol{y}'(x) = A\boldsymbol{y}(x) \tag{6.6}$$

と書ける。a を定数とする単独の微分方程式

$$y'(x) = ay(x)$$

の一般解が

$$y(x) = ce^{ax} \quad (c \text{ は任意定数})$$

であったことから, (6.6) の一般解も

$$\boldsymbol{y}(x) = e^{xA}\boldsymbol{c} \quad (\boldsymbol{c} \text{ は任意定ベクトル}) \tag{6.7}$$

と書けると予想される。実際, 以下の通り行列 A の指数関数 e^A を定義すると (6.7) が (6.6) の一般解を与える。なお, (6.6) では $\boldsymbol{y}(x)$ を列ベクトルで表

---

[2] 1.5 節の例 1.7 参照。

し，行列 A を $\boldsymbol{y}(x)$ に左からかけていることから，(6.7) でも行列の指数関数 e^{xA} を定ベクトル $\boldsymbol{c}$ の左からかけている．また，e の肩も，行列 A を x でスカラー倍したものということで，xA と書いていることに注意．

定義 6.1 正方行列 A に対して，**行列の指数関数** e^A を

$$e^A = \sum_{k=0}^{\infty} \frac{1}{k!} A^k = E + A + \frac{1}{2} A^2 + \frac{1}{3!} A^3 + \cdots \quad (6.8)$$

で定める．ここで，E は A と同じ次数の単位行列である．

(6.8) は，指数関数 e^x を級数展開した式

$$e^x = \sum_{k=0}^{n} \frac{x^k}{k!} = 1 + x + \frac{x^2}{2} + \frac{x^3}{3!} + \cdots$$

の x に形式的に行列 A を代入した形で，右辺の和・積は行列の演算で考える．(6.8) の無限級数は，3.1 節に記した行列のノルム $\|A\|$ の意味で収束し，このことからさらに，各成分の意味でも収束することがいえて，e^A が A と同じ次数の正方行列として定まる．定義から，A が実行列のとき e^A も実行列になる．

(6.8) の A をそのスカラー倍 xA で置き換えることで，

$$e^{xA} = \sum_{k=0}^{\infty} \frac{x^k}{k!} A^k = E + xA + \frac{x^2}{2} A^2 + \frac{x^3}{3!} A^3 + \cdots \quad (6.9)$$

を得る．e^{xA} は x に関する行列値関数と考えられるが，(6.9) の右辺の級数は x の任意の有界区間において一様かつ絶対収束することが示され，項別微分・項別積分可能性などが導かれる．

行列の指数関数がもつ性質をいくつかまとめておく．

定理 6.1 以下，A, B, P, O, E は同じ次数の正方行列，x はスカラー変数とする．このとき，次が成立する．

1. O を零行列，E を単位行列として，$e^O = E$, $e^{xE} = e^x E$.
2. $AB = BA$ が成り立つとき，$e^A e^B = e^B e^A = e^{A+B}$.
3. e^A は正則で，$(e^A)^{-1} = e^{-A}$.
4. P を正則行列として，$e^{PAP^{-1}} = P e^A P^{-1}$.
5. $\det e^A = e^{\mathrm{tr} A}$.
6. $\dfrac{d}{dx} e^{xA} = A e^{xA} = e^{xA} A$.

6.2 行列の指数関数

証明. 方針を述べるに留める。1 から 5 は，行列の演算の性質と行列の指数関数の定義より得られる。6 は次のことからわかる。e^{xA} は定理 3.7 の Peano-Baker 級数において A が定数行列で $x_0 = 0$ としたものに他ならない。すなわち，第 3 章のレゾルベント $R(x, x_0)$ を用いると $R(x, 0) = e^{xA}$ となる。(3.7) より，$\dfrac{d}{dx} e^{xA} = A e^{xA}$ がわかる。また，e^{xA} の定義より，それは A と可換であるので $A e^{xA} = e^{xA} A$ が成り立つ。 □

定理 6.1 の 6 から (6.7) が (6.6) の解を与えることがわかる。また，任意定ベクトル $\boldsymbol{c}$ として標準基底をとればわかるように，n 次正方行列 e^{xA} を

$$e^{xA} = \begin{pmatrix} \boldsymbol{y}_1(x) & \boldsymbol{y}_2(x) & \cdots & \boldsymbol{y}_n(x) \end{pmatrix}$$

と n 次列ベクトル $\boldsymbol{y}_1(x), \boldsymbol{y}_2(x), \cdots, \boldsymbol{y}_n(x)$ を横に並べたものと見たとき，各 $\boldsymbol{y}_i(x)$ は (6.6) の解になる。さらに，定理 6.1 の 3 と定理 3.3 によりこれらは一次独立である。すなわち，e^{xA} は (6.6) の基本行列 $W(x)$ であり，定理 3.5 から次がいえる。

定理 6.2 1 階の定数係数連立線形微分方程式

$$\boldsymbol{y}'(x) = A\boldsymbol{y}(x) + \boldsymbol{b}(x)$$

の一般解は $\boldsymbol{c}$ を任意定ベクトルとして

$$\boldsymbol{y}(x) = e^{xA} \left(\int^x e^{-\xi A} \boldsymbol{b}(\xi) \, d\xi + \boldsymbol{c} \right)$$

で与えられる。

さらに，$e^{0A} = e^O = E$ に注意すると，次がいえる。

系 6.1 初期値問題

$$\begin{cases} \boldsymbol{y}'(x) = A\boldsymbol{y}(x) + \boldsymbol{b}(x), \\ \boldsymbol{y}(x_0) = \boldsymbol{y}_0 \end{cases}$$

の解は

$$\boldsymbol{y}(x) = e^{(x-x_0)A} \boldsymbol{y}_0 + \int_{x_0}^x e^{(x-\xi)A} \boldsymbol{b}(\xi) \, d\xi$$

で与えられる。

そこで，具体的に e^{xA} を求めることを考えよう。簡単のため，ここでは 2 元

連立線形微分方程式，すなわち，A が 2 次の正方行列である場合を例にあげる。

例 6.4 例 6.1 で適当な単位系をとり，$L_i = R_j$ ($i = 1, 2, j = 1, 2, 3$) とすると，(6.2) の右辺の係数行列 A は

$$A = \begin{pmatrix} -2 & 1 \\ 1 & -2 \end{pmatrix}$$

となる。ここで改めて，独立変数を x，未知関数を $\boldsymbol{y}(x) = \begin{pmatrix} y_1(x) \\ y_2(x) \end{pmatrix}$ として，

$$\boldsymbol{y}'(x) = A\boldsymbol{y}(x) \tag{6.10}$$

なる同次方程式の一般解について考える。係数行列 A の固有方程式は

$$\det(A - \lambda E) = \lambda^2 + 4\lambda + 3 = (\lambda + 1)(\lambda + 3) = 0$$

であり，固有値は $\lambda_1 = -1$, $\lambda_2 = -3$ である。また，各固有値に対する固有ベクトル $\boldsymbol{v}_1, \boldsymbol{v}_2$ として

$$\boldsymbol{v}_1 = \begin{pmatrix} 1 \\ 1 \end{pmatrix}, \qquad \boldsymbol{v}_2 = \begin{pmatrix} 1 \\ -1 \end{pmatrix}$$

がとれる。そこで，

$$P = \begin{pmatrix} \boldsymbol{v}_1 & \boldsymbol{v}_2 \end{pmatrix} = \begin{pmatrix} 1 & 1 \\ 1 & -1 \end{pmatrix}$$

とおけば，

$$P^{-1}AP = -\frac{1}{2}\begin{pmatrix} -1 & -1 \\ -1 & 1 \end{pmatrix}\begin{pmatrix} -2 & 1 \\ 1 & -2 \end{pmatrix}\begin{pmatrix} 1 & 1 \\ 1 & -1 \end{pmatrix} = \begin{pmatrix} -1 & 0 \\ 0 & -3 \end{pmatrix}$$

と行列 A を対角化できる。対角行列のべき乗は

$$\begin{pmatrix} a & 0 \\ 0 & b \end{pmatrix}^k = \begin{pmatrix} a^k & 0 \\ 0 & b^k \end{pmatrix} \quad (k = 0, 1, 2, \cdots)$$

となることに注意して (6.8) の無限級数を計算すれば，$P^{-1}AP$ の指数関数が

$$e^{P^{-1}AP} = \begin{pmatrix} e^{-1} & 0 \\ 0 & e^{-3} \end{pmatrix}$$

6.2 行列の指数関数

と求まり，さらに定理 6.1 の 4 を用いて

$$e^A = e^{P(P^{-1}AP)P^{-1}} = Pe^{P^{-1}AP}P^{-1} = \begin{pmatrix} \dfrac{e^{-1}+e^{-3}}{2} & \dfrac{e^{-1}-e^{-3}}{2} \\ \dfrac{e^{-1}-e^{-3}}{2} & \dfrac{e^{-1}+e^{-3}}{2} \end{pmatrix}$$

を得る。e^{xA} については，上記の A を xA で置き換えて同様に考えることで

$$e^{xA} = \begin{pmatrix} \dfrac{e^{-x}+e^{-3x}}{2} & \dfrac{e^{-x}-e^{-3x}}{2} \\ \dfrac{e^{-x}-e^{-3x}}{2} & \dfrac{e^{-x}+e^{-3x}}{2} \end{pmatrix}$$

が導かれる。したがって，(6.10) の一般解は c_1, c_2 を任意定数として，

$$\boldsymbol{y}(x) = e^{xA} \begin{pmatrix} c_1 \\ c_2 \end{pmatrix} = \begin{pmatrix} \dfrac{c_1+c_2}{2}e^{-x} + \dfrac{c_1-c_2}{2}e^{-3x} \\ \dfrac{c_1+c_2}{2}e^{-x} - \dfrac{c_1-c_2}{2}e^{-3x} \end{pmatrix},$$

あるいは，改めて $\tilde{c}_1 = \dfrac{c_1+c_2}{2}, \tilde{c}_2 = \dfrac{c_1-c_2}{2}$ とし，$\tilde{c}_1, \tilde{c}_2$ ごとに分けて

$$\boldsymbol{y}(x) = \tilde{c}_1 e^{-x} \begin{pmatrix} 1 \\ 1 \end{pmatrix} + \tilde{c}_2 e^{-3x} \begin{pmatrix} 1 \\ -1 \end{pmatrix} \tag{6.11}$$

と書ける。すなわち，基本解 $\boldsymbol{y}_1(x) = e^{\lambda_1 x}\boldsymbol{v}_1, \boldsymbol{y}_2(x) = e^{\lambda_2 x}\boldsymbol{v}_2$ を得る。

例 6.5 第 1 章や第 5 章で取り上げた単振動の方程式を再び考える。質量 m のおもりとバネ定数 k のバネからなる単振動は，静止状態からのおもりの変位を $y = y(t)$ として

$$m\frac{d^2y}{dt^2}(t) = -ky(t) \tag{6.12}$$

と表される。(6.12) は定数係数の 2 階線形微分方程式であり，第 5 章の方法で解けるが，ここでは 2 元連立 1 階線形微分方程式に直して見ることにする。簡単のため $m = k$ とする。また，改めて独立変数を x，未知関数を $y = y(x)$ と表し，さらに

$$\boldsymbol{y}(x) = \begin{pmatrix} y_1(x) \\ y_2(x) \end{pmatrix} = \begin{pmatrix} y(x) \\ y'(x) \end{pmatrix}$$

とおくことで (6.12) は

$$\boldsymbol{y}'(x) = A\boldsymbol{y}(x) \quad \text{ただし} \quad A = \begin{pmatrix} 0 & 1 \\ -1 & 0 \end{pmatrix} \tag{6.13}$$

と表される。e^{xA} の具体形は例 6.4 と同様に係数行列 A の対角化を通して求められる。実際，A の固有方程式 $\lambda^2 + 1 = 0$ から固有値 $\lambda_1 = i, \lambda_2 = -i$（ここで i は虚数単位）が求まる。対応する固有ベクトル $\boldsymbol{v}_1, \boldsymbol{v}_2$ から A の対角化

$$P^{-1}AP = \begin{pmatrix} i & 0 \\ 0 & -i \end{pmatrix} \quad \text{ただし} \quad P = \begin{pmatrix} \boldsymbol{v}_1 & \boldsymbol{v}_2 \end{pmatrix} = \begin{pmatrix} 1 & i \\ i & 1 \end{pmatrix}$$

が得られる。これより

$$e^{xA} = Pe^{xP^{-1}AP}P^{-1} = \begin{pmatrix} \cos x & \sin x \\ -\sin x & \cos x \end{pmatrix} \quad (6.14)$$

が導かれる[3]。なお，この結果 (6.14) は，$k = 0, 1, 2, \cdots$ に対して

$$(xA)^{2k} = (-1)^k x^{2k} E, \qquad (xA)^{2k+1} = (-1)^k x^{2k+1} A$$

となることに注意して e^{xA} の無限級数 (6.9) を直接計算しても得られる。また，例 6.4 と同様に (6.13) の基本解を $\boldsymbol{y}_1(x) = e^{\lambda_1 x} \boldsymbol{v}_1, \boldsymbol{y}_2(x) = e^{\lambda_2 x} \boldsymbol{v}_2$ としてもよいが，これらは複素ベクトル値関数となる。実ベクトル値関数の範囲で考えるのであれば，適当な線形結合により

$$\tilde{\boldsymbol{y}}_1(x) = \begin{pmatrix} \cos x \\ -\sin x \end{pmatrix}, \quad \tilde{\boldsymbol{y}}_2(x) = \begin{pmatrix} \sin x \\ \cos x \end{pmatrix}$$

などとする。この $\tilde{\boldsymbol{y}}_1(x), \tilde{\boldsymbol{y}}_2(x)$ は実行列 e^{xA} の第 1, 2 列に他ならない。

例 6.6 例 6.5 の単振動で，おもりの速度に比例した抵抗がかかる場合，(6.12) は

$$m\frac{d^2 y}{dt^2}(t) = -\mu \frac{dy}{dt}(t) - ky(t) \quad (6.15)$$

と修正される。ここで，$\mu = 2m, k = m$ の特殊な場合を考え，例 6.5 と同様に独立変数を x，未知関数を元の y とその導関数を成分にもつベクトル値関数 $\boldsymbol{y}(x)$ とすれば，(6.15) は 2 元連立 1 階線形微分方程式

$$\boldsymbol{y}'(x) = A\boldsymbol{y}(x) \quad \text{ただし} \quad A = \begin{pmatrix} 0 & 1 \\ -1 & -2 \end{pmatrix} \quad (6.16)$$

となる。A の固有方程式は

$$\det(A - \lambda E) = \lambda^2 + 2\lambda + 1 = (\lambda + 1)^2 = 0$$

---

[3] **Euler(オイラー)** の公式 $e^{\pm ix} = \cos x \pm i \sin x$ を用い，$\sin x, \cos x$ で表した。

6.2 行列の指数関数

であり，A は重複固有値 $\lambda = -1$ をもつ行列になる。A は，定数倍の自由度を除くと固有ベクトルを $\boldsymbol{v}_1 = \begin{pmatrix} 1 \\ -1 \end{pmatrix}$ の1つしかもたないが，これと一次独立な高さ2の一般化固有ベクトル[4] $\boldsymbol{v}_2 = \begin{pmatrix} 0 \\ 1 \end{pmatrix}$ をもつ。ここで，$\boldsymbol{v}_2$ は

$$(A - \lambda E)\boldsymbol{v}_2 = \boldsymbol{v}_1$$

を満たすベクトル (一意ではない) の1つとして求めた。この $\boldsymbol{v}_1, \boldsymbol{v}_2$ による

$$P = \begin{pmatrix} \boldsymbol{v}_1 & \boldsymbol{v}_2 \end{pmatrix} = \begin{pmatrix} 1 & 0 \\ -1 & 1 \end{pmatrix}$$

を用いることで，行列 A をいわゆる **Jordan**(ジョルダン) **標準形**

$$P^{-1}AP = \begin{pmatrix} \lambda & 1 \\ 0 & \lambda \end{pmatrix} = \begin{pmatrix} -1 & 1 \\ 0 & -1 \end{pmatrix}$$

に相似変換できる。数学的帰納法を用いると，任意の a, b について

$$\begin{pmatrix} a & b \\ 0 & a \end{pmatrix}^k = \begin{pmatrix} a^k & ka^{k-1}b \\ 0 & a^k \end{pmatrix} \quad (k = 0, 1, 2, \cdots)$$

となることが示せるが，これを踏まえて e^{xA} の定義式 (6.9) を用いることで

$$e^{xP^{-1}AP} = \begin{pmatrix} e^{\lambda x} & xe^{\lambda x} \\ 0 & e^{\lambda x} \end{pmatrix} = e^{\lambda x}\begin{pmatrix} 1 & x \\ 0 & 1 \end{pmatrix}$$

が得られる。これより，xA の指数関数 e^{xA} が

$$e^{xA} = Pe^{xP^{-1}AP}P^{-1} = e^{-x}\begin{pmatrix} x+1 & x \\ -x & -x+1 \end{pmatrix}$$

と導かれる。(6.16) の基本解は

$$\boldsymbol{y}_1(x) = e^{-x}\begin{pmatrix} x+1 \\ -x \end{pmatrix}, \quad \boldsymbol{y}_2(x) = e^{-x}\begin{pmatrix} x \\ -x+1 \end{pmatrix}$$

---

[4] ℓ を自然数として，$(A-\lambda E)^\ell \boldsymbol{v} = \boldsymbol{o}$, $(A-\lambda E)^{\ell-1}\boldsymbol{v} \neq \boldsymbol{o}$ を満たすベクトル $\boldsymbol{v}$ を A の高さ ℓ の**一般化固有ベクトル**という。固有ベクトルは高さ1の一般化固有ベクトルである。

と書けるが，改めて $\tilde{\bm{y}}_1(x) = \bm{y}_1(x) - \bm{y}_2(x)$, $\tilde{\bm{y}}_2(x) = \bm{y}_2(x)$ とすることで，基本解を $\tilde{\bm{y}}_1(x) = e^{\lambda x}\bm{v}_1$, $\tilde{\bm{y}}_2(x) = e^{\lambda x}(\bm{v}_2 + x\bm{v}_1)$ としてもよい。

2次の正方行列に対する代表的な例を例 6.4–6.6 に示した。これらは順に，A の固有値が異なる2実数の場合，複素共役な組の場合，固有値が重複して A が対角化できない場合の例となっている。一般の n 元連立，すなわち，A が n 次正方行列の場合も同様にして基本行列 $W(x) = e^{xA}$ を計算できる。ここでは，その概略のみ述べる。

A が対角化できる場合 n 次正方行列 A が n 個の一次独立な固有ベクトルの組 $\bm{v}_1, \bm{v}_2, \cdots, \bm{v}_n$ をもつとき，これらを並べて作った行列

$$P = \begin{pmatrix} \bm{v}_1 & \bm{v}_2 & \cdots & \bm{v}_n \end{pmatrix}$$

により A は対角化できる。

$$\Lambda = P^{-1}AP = \begin{pmatrix} \lambda_1 & 0 & \cdots & 0 \\ 0 & \lambda_2 & \cdots & 0 \\ \vdots & \vdots & \ddots & \vdots \\ 0 & 0 & \cdots & \lambda_n \end{pmatrix}.$$

ここで，λ_k は固有ベクトル $\bm{v}_k$ に対応する固有値である。対角行列の指数関数は各対角成分の指数関数を成分にもつ対角行列になる[5]ことから，同次形の n 元連立1階線形微分方程式 (6.6) の基本行列 $W(x)$ が

$$W(x) = e^{xA} = Pe^{x\Lambda}P^{-1} = P \begin{pmatrix} e^{\lambda_1 x} & 0 & \cdots & 0 \\ 0 & e^{\lambda_2 x} & \cdots & 0 \\ \vdots & \vdots & \ddots & \vdots \\ 0 & 0 & \cdots & e^{\lambda_n x} \end{pmatrix} P^{-1}$$

として求められる。これを用いて，(6.6) の一般解は

$$\bm{y}(x) = e^{xA}\bm{c} \qquad (\bm{c}\text{ は任意定ベクトル})$$

---

[5] 証明の詳細は省略するが，対角行列の k 乗は対角成分をそれぞれ k 乗した対角行列になることを数学的帰納法で示してから，行列の指数関数の定義 (6.8) を適用すればよい。

6.2 行列の指数関数

と書ける。あるいは、改めて $\tilde{c} = P^{-1}c$ とおけば、

$$y(x) = e^{xA}c = Pe^{x\Lambda}P^{-1}c = Pe^{x\Lambda}\tilde{c}$$

$$= \begin{pmatrix} v_1 & \cdots & v_n \end{pmatrix} \begin{pmatrix} e^{\lambda_1 x} & \cdots & 0 \\ \vdots & \ddots & \vdots \\ 0 & \cdots & e^{\lambda_n x} \end{pmatrix} \begin{pmatrix} \tilde{c}_1 \\ \vdots \\ \tilde{c}_n \end{pmatrix}$$

$$= \sum_{k=1}^{n} \tilde{c}_k e^{\lambda_k x} v_k$$

と書けるので、(6.6) の基本行列を

$$\tilde{W}(x) = Pe^{x\Lambda} = \begin{pmatrix} e^{\lambda_1 x}v_1 & e^{\lambda_2 x}v_2 & \cdots & e^{\lambda_n x}v_n \end{pmatrix}$$

としてもよい。ただし、A が実行列であっても一般には固有値・固有ベクトルは複素数となるので、実関数の範囲で基本解を求めたければ、複素共役な固有値に属する解どうしの適当な線形和をとって解を組み直すことになる。

問 6.1 次の各々の行列 A に対し、その固有値・固有ベクトルを求め、これらを利用して e^{xA} の具体形、さらに、$y'(x) = Ay(x)$ の基本解を求めよ。

(1) $A = \begin{pmatrix} 2 & 4 \\ 1 & -1 \end{pmatrix}$, (2) $A = \begin{pmatrix} 1 & -1 \\ 4 & 1 \end{pmatrix}$.

A が対角化できない場合 n 次正方行列 A の一次独立な固有ベクトルが n 個に満たないとき、A は対角化できない。しかし、A は n 個の一次独立な一般化固有ベクトルの組をもつ。一次独立な一般化固有ベクトルの組 $v_1, v_2, \cdots, v_n$ を適切に選び、これを並べて作った行列

$$P = \begin{pmatrix} v_1 & v_2 & \cdots & v_n \end{pmatrix}$$

で相似変換することにより A の Jordan 標準形

$$\tilde{A} = P^{-1}AP = \begin{pmatrix} J(\lambda_1, r_1) & O & \cdots & O \\ O & J(\lambda_2, r_2) & \cdots & O \\ \vdots & \vdots & \ddots & \vdots \\ O & O & \cdots & J(\lambda_m, r_m) \end{pmatrix}$$

が得られる[6] ($r_1 + r_2 + \cdots + r_m = n$)。ここで, $J(\lambda, r)$ は **Jordan** ブロックとよばれる, 対角成分が λ, その1つ右の成分が 1, その他の成分はすべて 0 の r 次正方行列

$$J(\lambda, r) = \begin{pmatrix} \lambda & 1 & 0 & \cdots & 0 \\ 0 & \lambda & 1 & \cdots & 0 \\ \vdots & \vdots & \ddots & \ddots & \vdots \\ 0 & 0 & \cdots & \lambda & 1 \\ 0 & 0 & \cdots & 0 & \lambda \end{pmatrix}$$

である。ブロック対角行列の指数関数は各ブロックの指数関数からなるブロック対角行列になること[7], $xJ(\lambda, r)$ の指数関数は

$$e^{xJ(\lambda,r)} = e^{\lambda x} \begin{pmatrix} 1 & x & \dfrac{x^2}{2!} & \cdots & \dfrac{x^{r-1}}{(r-1)!} \\ 0 & 1 & x & \cdots & \dfrac{x^{r-2}}{(r-2)!} \\ \vdots & \vdots & \ddots & \ddots & \vdots \\ 0 & 0 & \cdots & 1 & x \\ 0 & 0 & \cdots & 0 & 1 \end{pmatrix} \quad (6.17)$$

($(k, k+\ell)$ 成分が $\dfrac{x^\ell}{\ell!}$ ($1 \leqq k \leqq r$, $0 \leqq \ell \leqq r-k$), 狭義下三角部分が 0 の r 次正方行列) となることから, Jordan 標準形の指数関数が計算でき, (6.6) の基本行列 $W(x) = e^{xA} = P e^{x\tilde{A}} P^{-1}$ が求められる。

問 6.2 次に従い (6.17) を示せ。

(1) $U = J(\lambda, r) - \lambda E$ とおく。$e^{xJ(\lambda,r)} = e^{\lambda x} e^{xU}$ を示せ。

(2) $k = 0, 1, 2, \cdots$ に対して U^k がどのような行列になるか考察せよ。

(3) $e^{xU} = E + xU + \dfrac{x^2}{2!} U^2 + \cdots + \dfrac{x^{r-1}}{(r-1)!} U^{r-1}$ と書けることを示し, (6.17) を確認せよ。

問 6.3 $A = \begin{pmatrix} 4 & -1 \\ 4 & 0 \end{pmatrix}$ とする。次の問に答えよ。

---

[6] Jordan 標準形の詳細については, 例えば, 有馬 哲,「線形代数入門」, 東京図書 (1974), または, 佐武 一郎,「線形代数」, 共立出版 (1997) を参照のこと。ここで用いた一般化固有ベクトルは, 固有値 λ に属する固有ベクトル $\boldsymbol{v}_1$ から始めて, 非同次線形方程式 $(A - \lambda E) \boldsymbol{v}_k = \boldsymbol{v}_{k-1}$ ($k = 2, 3, \cdots, r$) を順次解いていくことで得られる。

[7] やはり証明の詳細は省略するが, 対角行列の指数関数と同様。

(1) A の固有値 λ と, λ に属する固有ベクトル $\boldsymbol{v}_1$ を求めよ. なお, 固有ベクトルには定数倍の自由度があるが, そのうちの 1 つを求めればよい.

(2) 上で求めた $\boldsymbol{v}_1$ を右辺にもつ非同次線形方程式 $(A - \lambda E)\boldsymbol{v}_2 = \boldsymbol{v}_1$ を解くことで, 高さ 2 の一般化固有ベクトル $\boldsymbol{v}_2$ を求めよ. $\boldsymbol{v}_2$ には $\boldsymbol{v}_1$ の定数倍を加えるだけの自由度があるが, これも 1 つ求めればよい.

(3) 上の $\boldsymbol{v}_1, \boldsymbol{v}_2$ をならべて作った 2 次の正方行列 $P = (\boldsymbol{v}_1 \quad \boldsymbol{v}_2)$ により, A は $\tilde{A} = P^{-1}AP$ と Jordan 標準形に相似変換されることを確認せよ. さらに, $e^{xA} = Pe^{x\tilde{A}}P^{-1}$ を具体的に求めよ.

6.3 消 去 法

連立微分方程式を解くもう 1 つの方法に消去法とよばれるものがある. これは, 方程式を組み合わせて未知関数を 1 つずつ消去していき, 単独方程式を解くことに帰着させる方法である.

例 6.7 例 6.4 の方程式を再びとりあげる. 連立方程式の形で書けば,

$$\begin{cases} y_1'(x) = -2y_1(x) + y_2(x), \\ y_2'(x) = y_1(x) - 2y_2(x) \end{cases} \quad (6.18)$$

であるが, (6.18) の第 1 式を $y_2(x)$ について"解いて"

$$y_2(x) = y_1'(x) + 2y_1(x) \quad (6.19)$$

を得る. さらに (6.19) の両辺を微分することで

$$y_2'(x) = y_1''(x) + 2y_1'(x) \quad (6.20)$$

となる. (6.19), (6.20) を (6.18) の第 2 式に代入, 整理することで

$$y_1''(x) + 4y_1'(x) + 3y_1(x) = 0$$

と $y_1(x)$ に関する単独の微分方程式が導かれる. これを第 5 章の方法で解いて $y_1(x)$ の一般解

$$y_1(x) = c_1 e^{-x} + c_2 e^{-3x}$$

を得る (c_1, c_2 は任意定数). この解を (6.19) に代入することで

$$y_2(x) = c_1 e^{-x} - c_2 e^{-3x}$$

も得られる. この結果は (6.11) と同じである.

問 6.4 次の各連立微分方程式を消去法で解け。

(1) $\begin{cases} y_1'(x) = y_1(x) + y_2(x), \\ y_2'(x) = 3y_1(x) - y_2(x). \end{cases}$
(2) $\begin{cases} y_1'(x) = 3y_1(x) + y_2(x), \\ y_2'(x) = -2y_1(x) + y_2(x). \end{cases}$

(3) $\begin{cases} y_1'(x) = 3y_1(x) + 4y_2(x), \\ y_2'(x) = -y_1(x) - y_2(x). \end{cases}$

消去法は高階，あるいは，非同次の連立線形微分方程式にも同様に使える。また，前節の方法と違い，個々の方程式に $y_1(x), y_2(x), \cdots$ の微分項が混在していてもよい。方程式の定数倍や微分をとって他の方程式からひくなどの操作を行って未知関数の個数を減らしていき，単独の方程式に帰着させて解く。

例 6.8 連立微分方程式

$$\begin{cases} y_1'(x) - y_1(x) + y_2'(x) + y_2(x) = 2x - 1, \\ y_1''(x) - y_1(x) + y_2'(x) + 3y_2(x) = 0 \end{cases} \quad (6.21)$$

の一般解を求める。(6.21) の第 1 式を微分したものに第 1 式自身を加えると

$$y_1''(x) - y_1(x) + y_2''(x) + 2y_2'(x) + y_2(x) = 2x + 1 \quad (6.22)$$

となる。そこで，(6.22) から (6.21) の第 2 式をひくことで

$$y_2''(x) + y_2'(x) - 2y_2(x) = 2x + 1 \quad (6.23)$$

を得る。(6.23) は $y_2(x)$ に関する単独の 2 階線形微分方程式であり，第 5 章の方法によりその一般解

$$y_2(x) = c_1 e^x + c_2 e^{-2x} - x - 1 \quad (6.24)$$

を求めることができる (c_1, c_2 は任意定数)。次に，この結果を (6.21) の第 1 式に代入することで $y_1(x)$ に関する 1 階線形微分方程式

$$y_1'(x) - y_1(x) = -2c_1 e^x + c_2 e^{-2x} + 3x + 1 \quad (6.25)$$

を得る。(6.25) も単独方程式であるから，一般解

$$y_1(x) = (-2c_1 x + c_3) e^x - \frac{c_2}{3} e^{-2x} - 3x - 4 \quad (6.26)$$

が求められる。ここで，c_3 は (6.25) を解く際に導入された新たな任意定数である。(6.24) と (6.26) をまとめて，(6.21) の一般解が得られる。

$$\begin{pmatrix} y_1(x) \\ y_2(x) \end{pmatrix} = c_1 e^x \begin{pmatrix} -2x \\ 1 \end{pmatrix} + \frac{c_2}{3} e^{-2x} \begin{pmatrix} -1 \\ 3 \end{pmatrix} + c_3 e^x \begin{pmatrix} 1 \\ 0 \end{pmatrix} - \begin{pmatrix} 3x + 4 \\ x + 1 \end{pmatrix}.$$

6.3 消去法

定数係数 (連立) 線形微分方程式を扱う際，**微分演算子**を用いると見通しがよくなる．微分演算子とは，関数 $f(x)$ にその導関数 $f'(x)$ を対応させる写像で，$\dfrac{d}{dx}$ や D の記号で表す．

$$\frac{d}{dx}\bigl(f(x)\bigr) = f'(x) \quad \text{あるいは} \quad D\bigl(f(x)\bigr) = f'(x).$$

これらは写像ではあるが，$\dfrac{d}{dx}f(x),\ Df(x)$ などとかっこを省略して書くのが一般的である (行列による線形変換と同様)．以下では微分演算子を D で表す．

高階微分は微分演算子 D の合成写像と考えられる．

$$f^{(n)}(x) = \underbrace{D(D(\cdots D(f(x))\cdots))}_{n} = \underbrace{D \circ D \circ \cdots \circ D}_{n} f(x).$$

これを D^n と書く $(D^n f(x) = f^{(n)}(x))$．さらに，D の形式的な多項式

$$L(D) = a_n D^n + a_{n-1} D^{n-1} + \cdots + a_1 D + a_0 \tag{6.27}$$

を，関数 $f(x)$ に次の関数を対応させる演算 (写像) として定める．

$$L(D)f(x) = a_n f^{(n)}(x) + a_{n-1} f^{(n-1)}(x) + \cdots + a_1 f'(x) + a_0 f(x).$$

D^n や $L(D)$ も微分演算子とよばれる．

2 つの微分演算子 $L_1(D), L_2(D)$ に対して，その和 $L_1(D) + L_2(D)$ と積 $L_1(D)L_2(D)$ を，十分な回数微分可能な任意の関数 $f(x)$ について

$$(L_1(D) + L_2(D))f(x) = L_1(D)f(x) + L_2(D)f(x),$$

$$(L_1(D)L_2(D))f(x) = (L_1(D) \circ L_2(D))f(x) = L_1(D)(L_2(D)f(x))$$

を満たすものとして定める．これらは結合則や分配則を満たす[8]．また，係数 $a_0, a_1, \cdots, a_n$ が定数であることから，微分演算子の積は可換則 $L_1(D)L_2(D) = L_2(D)L_1(D)$ を満たし，$L(D)$ を普通の多項式と同様に扱うことができる．

注意 6.1 x の関数を係数にもつ微分演算子

$$F(D) = f_n(x)D^n + \cdots + f_1(x)D + f_0(x)$$

も考えられる．$F(D)$ は**変数係数微分演算子**とよばれる．一方，係数がすべて定数の微分演算子 $L(D)$ は**定数係数微分演算子**とよばれる．変数係数微分演算子は可換則を満たさず，普通の多項式と同様に扱うことはできない．以下，特に断らない限り，微分演算子といえば定数係

---

[8] 代数学の言葉でいえば，環の構造をもつ．

数微分演算子を指すものとする。

微分演算子の基本的な性質をいくつかまとめておく (証明略)。

定理 6.3 $y(x), y_1(x), y_2(x)$ は十分な回数微分可能な関数, c, c_1, c_2, α は定数とする。このとき, 微分演算子 $L(D)$ は次を満たす。

1. $L(D)(c_1 y_1(x) + c_2 y_2(x)) = c_1 L(D) y_1(x) + c_2 L(D) y_2(x)$ (線形性),
2. $L(D) e^{\alpha x} = L(\alpha) e^{\alpha x}$,
3. $L(D)(e^{\alpha x} y(x)) = e^{\alpha x} L(D + \alpha) y(x)$.

ここで, $L(\alpha)$ は D の多項式 $L(D)$ に $D = \alpha$ を代入して計算した値, $L(D+\alpha)$ は $L(D)$ の D を $D+\alpha$ で置き換えて展開した多項式の表す微分演算子である。

定数係数線形微分方程式

$$a_n y^{(n)}(x) + a_{n-1} y^{(n-1)}(x) + \cdots + a_1 y'(x) + a_0 y(x) = f(x)$$

は (6.27) で定めた微分演算子を用いれば

$$L(D) y(x) = f(x)$$

と書ける。特に同次方程式 $L(D)y(x) = 0$ に関して, 次がいえる。

定理 6.4 微分演算子 $L(D)$ が $L(D) = L_1(D) L_2(D)$ と因数分解できるとき, $y_1(x), y_2(x)$ がそれぞれ $L_1(D) y_1(x) = 0, L_2(D) y_2(x) = 0$ を満たすならば, $\tilde{y}(x) = c_1 y_1(x) + c_2 y_2(x)$ は $L(D) \tilde{y}(x) = 0$ を満たす。

証明. $L(D)$ の線形性 (定理 6.3 の 1) と可換性より

$$\begin{aligned} L(D) \tilde{y}(x) &= L_1(D) L_2(D)(c_1 y_1(x) + c_2 y_2(x)) \\ &= c_1 L_2(D)(L_1(D) y_1(x)) + c_2 L_1(D)(L_2(D) y_2(x)) \\ &= 0 + 0 = 0 \end{aligned}$$

となって, $\tilde{y}(x)$ は $L(D) y(x) = 0$ の解とわかる。 □

定理 6.4 は, $L(D) = L_1(D) L_2(D)$ と因数分解できるとき, 微分方程式 $L(D) y(x) = 0$ を解く問題を $L_1(D) y(x) = 0, L_2(D) y(x) = 0$ の部分問題に帰着できることを示している。さらに, 次がいえる。

定理 6.5 $L(D) y(x) = 0$ の一般解は各 c_k, d_k を任意定数として

6.3 消去法

1. $L(D) = (D-\alpha)^n$ のとき,
$$y(x) = (c_1 + c_2 x + c_3 x^2 + \cdots + c_n x^{n-1})e^{\alpha x},$$

2. $L(D) = (D^2 + aD + b)^n$ で, 2次方程式 $\lambda^2 + a\lambda + b = 0$ が複素共役解 $\lambda = p \pm qi$ (p, q は実数で $q \neq 0$) をもつとき,
$$y(x) = e^{px}\Big((c_1 + c_2 x + \cdots + c_n x^{n-1})\cos qx \\ + (d_1 + d_2 x + \cdots + d_n x^{n-1})\sin qx \Big).$$

これは第5章で述べた内容であるので, 証明は省略する. 実係数の微分演算子 $L(D)$ は定理 6.5 にあげた形の演算子の積に因数分解できるので, 定理 6.4 とあわせて, 単独の定数係数同次線形微分方程式 $L(D)y(x) = 0$ の一般解 (基本解) が具体的に求められる (特性方程式 $L(\lambda) = 0$ を解くことに帰着).

連立微分方程式に戻ろう. 微分演算子を用いれば, 例 6.8 の方程式 (6.21) は
$$\begin{cases} (D-1)y_1(x) + (D+1)y_2(x) = 2x - 1, \\ (D^2 - 1)y_1(x) + (D+3)y_2(x) = 0 \end{cases}$$
と表せる. さらに行列を使って表せば
$$\begin{pmatrix} D-1 & D+1 \\ D^2-1 & D+3 \end{pmatrix} \begin{pmatrix} y_1(x) \\ y_2(x) \end{pmatrix} = \begin{pmatrix} 2x-1 \\ 0 \end{pmatrix} \quad (6.28)$$
となる. 例 6.8 で $y_2(x)$ の単独方程式を導いた過程は, 行基本変形 (第1行に左から $D+1$ をかけて第2行からひく; 右辺非同次項も忘れずに) を行って, 微分演算子からなる "係数行列" (以下, 演算子行列とよぶ) を
$$\begin{pmatrix} D-1 & D+1 \\ 0 & -D^2-D+2 \end{pmatrix} \begin{pmatrix} y_1(x) \\ y_2(x) \end{pmatrix} = \begin{pmatrix} 2x-1 \\ 2x+1 \end{pmatrix} \quad (6.29)$$
のように上三角化したことに他ならない.

一般の定数係数連立線形微分方程式
$$\begin{pmatrix} p_{11}(D) & p_{12}(D) & \cdots & p_{1n}(D) \\ p_{21}(D) & p_{22}(D) & \cdots & p_{2n}(D) \\ \vdots & \vdots & \ddots & \vdots \\ p_{n1}(D) & p_{n2}(D) & \cdots & p_{nn}(D) \end{pmatrix} \begin{pmatrix} y_1(x) \\ y_2(x) \\ \vdots \\ y_n(x) \end{pmatrix} = \begin{pmatrix} f_1(x) \\ f_2(x) \\ \vdots \\ f_n(x) \end{pmatrix} \quad (6.30)$$

に対する消去法とは，(6.30) の拡大係数行列[9]に行基本変形，すなわち

(1) ある行全体に 0 でない適当な微分演算子をかける（微分演算子は D の多項式であって，定数以外の微分演算子で割ってはいけない），
(2) ある行を別の行に加える，
(3) 2 つの行を入れ替える

操作を何回か施し，

$$\begin{pmatrix} q_{11}(D) & q_{12}(D) & \cdots & q_{1n}(D) \\ 0 & q_{22}(D) & \cdots & q_{2n}(D) \\ \vdots & \vdots & \ddots & \vdots \\ 0 & 0 & \cdots & q_{nn}(D) \end{pmatrix} \begin{pmatrix} y_1(x) \\ y_2(x) \\ \vdots \\ y_n(x) \end{pmatrix} = \begin{pmatrix} g_1(x) \\ g_2(x) \\ \vdots \\ g_n(x) \end{pmatrix} \quad (6.31)$$

と上三角化することである．元の方程式 (6.30) と同値（互いに一般解が同じ）のまま (6.31) のように上三角化できたら，まず最下行が表す $y_n(x)$ の単独方程式 $q_{nn}(D)y_n(x) = g_n(x)$ を解く．次に，その結果を下から 2 行目に代入して $y_{n-1}(x)$ の単独方程式

$$q_{n-1,n-1}(D)y_{n-1}(x) = g_{n-1}(x) - q_{n-1,n}(D)y_n(x)$$

を導き，これを解く．同様な操作を続けることで $y_n(x), y_{n-1}(x), \cdots, y_1(x)$ と下から順に解きあげていけばよい．

消去法においては，演算子行列の行列式が重要な役割を果たす．(6.30), (6.31) の演算子行列をそれぞれ，$P(D) = (p_{ij}(D))$, $Q(D) = (q_{ij}(D))$ と書くことにする．また，未知関数，右辺非同次項も今まで通り，関数を成分とする列ベクトル $\boldsymbol{y}(x)$, $\boldsymbol{f}(x)$, $\boldsymbol{g}(x)$ で表せば，(6.30), (6.31) はそれぞれ，

$$P(D)\boldsymbol{y}(x) = \boldsymbol{f}(x), \qquad Q(D)\boldsymbol{y}(x) = \boldsymbol{g}(x)$$

と書ける．さらに，$P(D)$ の成分を D の多項式と見て，その行列式 $\det P(D)$ を定義，計算する．$\det P(D)$ は一般に D の多項式になることに注意．なお，ここで扱う連立線形微分方程式はすべて $\det P(D) \neq 0$ であるものとする[10]．

行基本変形による方程式の書き換えは，適当な演算子行列 $R(D)$ により

$$Q(D) = R(D)P(D), \qquad \boldsymbol{g}(x) = R(D)\boldsymbol{f}(x) \quad (6.32)$$

---

[9] 係数行列に右辺非同次項も加えたもの．適当な線形代数の教科書を参照のこと．
[10] $\det P(D) \neq 0$ は連立線形微分方程式 $P(D)\boldsymbol{y}(x) = \boldsymbol{f}(x)$ の一次独立性を意味する．$\det P(D) = 0$ のときは連立方程式に不定性が生じる．

6.3 消去法

と表すことができる。これに関して次の定理がいえる。ただし，いずれの定理も前述の通り $\det P(D) \neq 0$ を前提とする。なお，これらの定理の証明は本書の程度をやや超えるので省略する。

定理 6.6 $P(D)\boldsymbol{y}(x) = \boldsymbol{f}(x)$ と，(6.32) の変形で得られた $Q(D)\boldsymbol{y}(x) = \boldsymbol{g}(x)$ が同値な方程式になる必要十分条件は，$\det R(D)$ が 0 ではない定数になることである。なお，これは $Q(D)$ が上三角であるかどうかにはよらない。

定理 6.7 $P(D)\boldsymbol{y}(x) = \boldsymbol{f}(x)$ は，上三角の演算子行列 $Q(D)$ による同値な方程式 $Q(D)\boldsymbol{y}(x) = \boldsymbol{g}(x)$ に変形できる。

定理 6.8 $P(D)\boldsymbol{y}(x) = \boldsymbol{f}(x)$ の一般解に含まれる任意定数の個数は多項式 $\det P(D)$ の D の次数と一致する。

例えば，連立線形微分方程式 (6.28) は

$$R(D) = \begin{pmatrix} 1 & 0 \\ -D-1 & 1 \end{pmatrix}$$

を両辺左からかけることで，演算子行列が上三角の方程式 (6.29) に書き換えられたといえる。このとき，

$$\det R(D) = 1 \cdot 1 - 0 \cdot (-D-1) = 1$$

であり，定理 6.6 より方程式 (6.28) と (6.29) が同値であるとわかる。また，(6.28) の演算子行列の行列式は

$$(D-1)(D+3) - (D+1)(D^2-1) = -D^3 + 3D - 2$$

と D の 3 次の多項式であり，定理 6.8 より一般解に含まれる任意定数の個数が 3 個であることもわかる。

定理 6.8 が示唆するように，一見高階の微分方程式でも，一般解に現れる任意定数の個数は微分の最高階数に満たないことがある。特に $\det P(D)$ が定数になるときは "一般解" に任意定数は含まれず，解は 1 通りに決まる ($\det P(D) \neq 0$ より解は存在する)。

例 6.9 k を定数として，連立線形微分方程式

$$\underbrace{\begin{pmatrix} D^2+D-2 & D^2+D+k \\ D^2-1 & D^2+1 \end{pmatrix}}_{P(D)} \begin{pmatrix} y_1(x) \\ y_2(x) \end{pmatrix} = \begin{pmatrix} f_1(x) \\ f_2(x) \end{pmatrix} \quad (6.33)$$

を考える。演算子行列 $P(D)$ の行列式は

$$\det P(D) = -kD^2 + 2D + k - 2$$

であり，一般解に含まれる任意定数の個数は，$k=0$ のとき 1 つ，$k \neq 0$ のとき 2 つとなる。また，

$$D^2 + D - 2 = (D+2)(D-1), \quad D^2 - 1 = (D+1)(D-1)$$

であることから，$P(D)$ の第 2 行に $-(D+2)$ をかけておき，第 1 行に D+1 をかけたものを加えれば上三角型にできそうだと気づく。実際，

$$R(D) = \begin{pmatrix} 1 & 0 \\ D+1 & -D-2 \end{pmatrix}$$

とすれば

$$R(D)P(D) = \begin{pmatrix} D^2+D-2 & D^2+D+k \\ 0 & kD+k-2 \end{pmatrix}$$

となる。しかし，$\det R(D) = -D-2$ と定数でないため，この $R(D)$ で変形した方程式は元の方程式と同値ではなくなる。この方程式の場合は

$$R(D) = \begin{pmatrix} 1 & -1 \\ D+1 & -D-2 \end{pmatrix} \quad (6.34)$$

とするとよい。このとき，$\det R(D) = -1$ と 0 でない定数になり，また，

$$R(D)P(D) = \begin{pmatrix} D-1 & D+k-1 \\ 0 & kD+k-2 \end{pmatrix}$$

と演算子行列は上三角型になる。

問 6.5 $f_1(x) = x$, $f_2(x) = 0$ として，(1) $k=0$, (2) $k=1$ それぞれに対する連立線形微分方程式 (6.33) の一般解を具体的に求めよ。

ここまでは連立線形微分方程式 $P(D)\boldsymbol{y}(x) = f(x)$ の演算子行列 $P(D)$ を上三角化してきた。もう 1 つの方法として，$P(D)$ を対角化してしまうことが考

6.3 消去法

えられる。$P(D)$ の**余因子行列**[11]を $Q(D)$ とするとき，

$$Q(D)P(D) = (\det P(D))E$$

となる。そこで，方程式 $P(D)\boldsymbol{y}(x) = \boldsymbol{f}(x)$ の両辺に左から $Q(D)$ をかければ演算子行列は対角行列となり，連立方程式は n 個の独立した方程式

$$\det P(D) y_k(x) = g_k(x) \qquad (k = 1, 2, \cdots, n) \qquad (6.35)$$

に分離される。ここで，$g_k(x)$ は $\boldsymbol{g}(x) = Q(D)\boldsymbol{f}(x)$ の第 k 成分である。

ただし，$\det P(D)$ の D に関する次数を m とするとき，個々の微分方程式 (6.35) の一般解は m 個の任意定数をもち，全体では任意定数が mn 個となってしまう。定理 6.8 によれば連立方程式の一般解に現れる任意定数は m 個のはずで，これでは過剰になる[12]。そこで，得られた個々の一般解 $y_k(x)$ を元の方程式に代入し，任意定数間の関係を導いて整理する必要がある。

例 6.10 例 6.8 の方程式をとりあげ，対応する同次方程式

$$\underbrace{\begin{pmatrix} D-1 & D+1 \\ D^2-1 & D+3 \end{pmatrix}}_{P(D)} \begin{pmatrix} y_1(x) \\ y_2(x) \end{pmatrix} = \begin{pmatrix} 0 \\ 0 \end{pmatrix} \qquad (6.36)$$

の一般解を求める。演算子行列 $P(D)$ にその余因子行列 $Q(D)$ をかけたものは，

$$\det P(D) = -D^3 + 3D - 2 = -(D-1)^2(D+2)$$

を対角成分とする対角行列になることがわかっているので，同次方程式を解くだけなら $Q(D)$ の具体形を求める必要はない。解くべき方程式は

$$-(D-1)^2(D+2)y_i(x) = 0 \qquad (i = 1, 2)$$

とすべて同じ形をしていて，$Q(D)P(D)\boldsymbol{y}(x) = 0$ の一般解は

$$y_1(x) = (c_1 + c_2 x)e^x + c_3 e^{-2x}, \qquad y_2(x) = (d_1 + d_2 x)e^x + d_3 e^{-2x}$$

(c_k, d_k ($k = 1, 2, 3$) は任意定数) となる。これらは (6.36) の一般解としては任意定数の個数が過剰である。そこで，$y_1(x), y_2(x)$ を方程式の第 1 式に代入，整理して

---

[11] n 次正方行列 P の余因子行列とは，P から i 行と j 列を除いた $n-1$ 次の行列の行列式に $(-1)^{i+j}$ をかけた値を (j,i) 成分 (行と列が反転していることに注意) にもつ n 次正方行列。詳しくは適当な線形代数の教科書を参照のこと。

[12] $P(D)\boldsymbol{y}(x) = \boldsymbol{f}(x)$ と $Q(D)P(D)\boldsymbol{y}(x) = Q(D)\boldsymbol{f}(x)$ は一般には同値な方程式ではない。これは $\det Q(D) = (\det P(D))^{n-1}$ となることからわかる。

$(D-1)y_1(x)+(D+1)y_2(x) = (c_2+2d_1+d_2)e^x+2d_2xe^x-(3c_3+d_3)e^{-2x} = 0$

を得る。e^x, xe^x, e^{-2x} は一次独立な関数であり，その 1 次結合が恒等的に 0 となるにはそれぞれの係数が 0 になる必要がある。これより，

$$d_1 = -\frac{1}{2}c_2, \quad d_2 = 0, \quad d_3 = -3c_3$$

が導かれ，$P(D)\boldsymbol{y}(x) = 0$ の一般解

$$\boldsymbol{y}(x) = \begin{pmatrix} y_1(x) \\ y_2(x) \end{pmatrix} = c_1 e^x \begin{pmatrix} 1 \\ 0 \end{pmatrix} - \frac{c_2}{2} e^x \begin{pmatrix} -2x \\ 1 \end{pmatrix} - c_3 e^{-2x} \begin{pmatrix} -1 \\ 3 \end{pmatrix}$$

が得られる。なお，この例題の場合，$y_1(x)$, $y_2(x)$ を連立方程式の第 2 式に代入しても同じ結果が得られる。

問 6.6 次の各々の $P(D)$ に対して，$\det P(D)$ を計算し，$P(D)\boldsymbol{y}(x) = 0$ の一般解を求めよ。

(1) $P(D) = \begin{pmatrix} D-1 & -D+2 \\ 2 & D-4 \end{pmatrix}$, (2) $P(D) = \begin{pmatrix} D-1 & 2D-5 \\ 3D+1 & 6D-4 \end{pmatrix}$.

章末問題 6

1 次の各行列を A として，e^{xA} を求めよ。

(1) $\begin{pmatrix} 5 & -3 \\ 4 & -2 \end{pmatrix}$, (2) $\begin{pmatrix} 2 & -1 \\ 6 & -3 \end{pmatrix}$, (3) $\begin{pmatrix} 1 & 5 \\ -2 & -1 \end{pmatrix}$,

(4) $\begin{pmatrix} 3 & 5 \\ -2 & 1 \end{pmatrix}$, (5) $\begin{pmatrix} 3 & 0 \\ 0 & 3 \end{pmatrix}$, (6) $\begin{pmatrix} 4 & 1 \\ -1 & 2 \end{pmatrix}$.

2 次の各行列を A として，e^{xA} を求めよ。

(1) $\begin{pmatrix} 1 & -1 & 0 \\ 2 & 4 & 0 \\ -2 & -2 & 1 \end{pmatrix}$, (2) $\begin{pmatrix} 0 & 2 & -1 \\ -1 & 3 & 0 \\ 1 & -1 & 3 \end{pmatrix}$, (3) $\begin{pmatrix} 0 & 0 & 1 & 0 \\ 0 & 0 & 0 & 1 \\ 4 & 0 & 0 & 0 \\ 0 & 9 & 0 & 0 \end{pmatrix}$.

3 次の各連立線形微分方程式の一般解を求めよ。

(1) $\begin{pmatrix} D+1 & 1 \\ D+3 & D+3 \end{pmatrix} \begin{pmatrix} y_1(x) \\ y_2(x) \end{pmatrix} = \begin{pmatrix} 0 \\ 0 \end{pmatrix}$,

(2) $\begin{pmatrix} D-2 & 2D+1 \\ 2 & -D-1 \end{pmatrix} \begin{pmatrix} y_1(x) \\ y_2(x) \end{pmatrix} = \begin{pmatrix} e^{2x} \\ 2xe^{2x} \end{pmatrix}$,

(3) $\begin{pmatrix} D & D-1 \\ D+1 & -5D-1 \end{pmatrix} \begin{pmatrix} y_1(x) \\ y_2(x) \end{pmatrix} = \begin{pmatrix} 0 \\ x \end{pmatrix}$,

(4) $\begin{pmatrix} D+2 & 2D-1 \\ 2D+5 & 4D \end{pmatrix} \begin{pmatrix} y_1(x) \\ y_2(x) \end{pmatrix} = \begin{pmatrix} \cos x \\ \sin x \end{pmatrix}$.

4 次の各連立線形微分方程式の一般解を求めよ.

(1) $\begin{pmatrix} D^3+4D & D^2+4 \\ D^2-1 & D \end{pmatrix} \begin{pmatrix} y_1(x) \\ y_2(x) \end{pmatrix} = \begin{pmatrix} 0 \\ 0 \end{pmatrix}$,

(2) $\begin{pmatrix} D-4 & D+2 & 0 \\ D-2 & D & 0 \\ 0 & D-3 & D+5 \end{pmatrix} \begin{pmatrix} y_1(x) \\ y_2(x) \\ y_3(x) \end{pmatrix} = \begin{pmatrix} 0 \\ 0 \\ 0 \end{pmatrix}$.

5 ある正定数 m, k により, $m_1=3m, m_2=2m, k_1=k_2=k$ と書けているとして, 例 6.2 の連立線形微分方程式 (6.3) の一般解を消去法により求めよ.

7
偏微分方程式

　これまでは独立変数が1個であるような微分方程式(常微分方程式)を考えてきた。本章では独立変数が2個以上の微分方程式(偏微分方程式)を考える。自然現象の多くは偏微分方程式で表される。7.1節では物理現象を記述する代表的な偏微分方程式として，熱方程式と波動方程式を導出する。これらの方程式に関して，7.2節では変数分離による解法を用いて初期値境界値問題を，そして7.3節ではFourier(フーリエ)変換を用いてCauchy(コーシー)問題を解く。

　偏導関数は，関数に偏微分する変数の添字を付けて表す。例えば，$f_x = \dfrac{\partial f}{\partial x}$, $u_{yy} = \dfrac{\partial^2 u}{\partial y^2}$ などである。

7.1 物理現象と偏微分方程式

【熱方程式】

　単位長さあたりの熱容量が c である一様な針金の温度分布を考える。この針金を x 軸と見て，位置 x における時刻 t での温度を関数 $u(x,t)$ と表す(図7.1)。熱量保存の法則によれば，針金の幅 h の部分における総熱量の時間変化は，そ

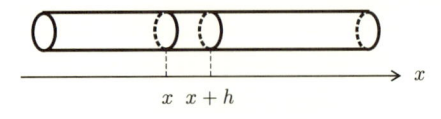

図 7.1 針金と断面

の両断面を通る熱流 $\phi(x,t)$, $\phi(x+h,t)$ を用いて

$$\frac{d}{dt}\int_x^{x+h} cu(\xi,t)\,d\xi = \phi(x,t) - \phi(x+h,t)$$

7.1 物理現象と偏微分方程式

と表わされる.ただし熱流は断面を左から右へ通る方向を正としている.右辺は $-\int_x^{x+h} \phi_x(\xi,t)\,d\xi$ と表わせるから

$$\int_x^{x+h} (cu_t(\xi,t) + \phi_x(\xi,t))\,d\xi = 0$$

となる. h で割って $h \to 0$ とすると

$$cu_t(x,t) + \phi_x(x,t) = 0 \tag{7.1}$$

が成り立つ.

Fourier の法則 によれば,熱流は温度勾配に比例するので

$$\phi(x,t) = -\kappa u_x(x,t) \quad (\kappa > 0:\text{定数}) \tag{7.2}$$

としてよい. κ を**熱伝導率**という.以後, $u(x,t)$, $\phi(x,t)$ の (x,t) を略す.このとき (7.1) は $cu_t - \kappa u_{xx} = 0$, すなわち

$$u_t = ku_{xx} \quad (k = \kappa/c) \tag{7.3}$$

となる.(7.3) を **熱方程式** または**熱伝導方程式** という.

熱に限らず,一般に法則 (7.2) によって拡散していく物質 u に関しては (7.3) が成り立つ.この場合, ϕ を**流束(フラックス)**, (7.2) を **Fick(フィック) の法則**, (7.3) を **拡散方程式**, k を **拡散係数** という.

熱が拡散する領域が針金ではなく鉄板や鉄球であっても,同様の考察が可能である.ただしその場合,拡散の方向がそれぞれ 2 次元, 3 次元のベクトルとなることから, (7.1) は $cu_t + \operatorname{div} \phi = 0$, (7.2) は $\phi = -\kappa \nabla u$ となり,熱方程式 (7.3) は

$$u_t = k\Delta u$$

となる.ここで Δ は **Laplacian(ラプラシアン)** または **Laplace(ラプラス) 作用素** とよばれ,領域が 2 次元, 3 次元のときはそれぞれ

$$\Delta u = u_{xx} + u_{yy}, \quad \Delta u = u_{xx} + u_{yy} + u_{zz},$$

のことであり,一般に n 次元のときは

$$\Delta u = \operatorname{div}(\nabla u) = \sum_{j=1}^n u_{x_j x_j}$$

のことである.

問 7.1 $u = e^{-\lambda^2 kt} \sin \lambda x$ は熱方程式 (7.3) を満たすことを確認せよ.

【波動方程式】

単位長さあたりの質量が σ である一様な弦を張力 T で張る．弦の平衡位置を x 軸とし，弦を x 軸に垂直な方向に振動させ，位置 x における時刻 t での変位を $u(x,t)$ と表す．

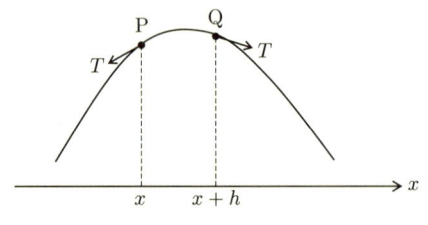

図 7.2 弦と張力

幅 h の微小部分 PQ を質点と見て運動方程式を立てる．位置 x における接線と x 軸のなす角を $\theta(x)$ とすると，PQ に働く力 F の x 成分と y 成分はそれぞれ

$$\begin{aligned} F_x &= (T_P)_x + (T_Q)_x \\ &= T(\cos\theta(x+h) - \cos\theta(x)) \\ &\approx 0, \\ F_y &= (T_P)_y + (T_Q)_y \\ &= T(\sin\theta(x+h) - \sin\theta(x)) \\ &\approx T(u_x(x+h,t) - u_x(x,t)) = T\int_x^{x+h} u_{xx}(\xi,t)\,d\xi \end{aligned}$$

となる．ただし，変位は小さく θ は十分小さいとして，$\cos\theta \approx 1$，$\sin\theta \approx \tan\theta = u_x$ を用いた．一方，PQ の質量は σh であり，y 方向の加速度は $u_{tt}(x,t)$ であるから，運動方程式は

$$\sigma h u_{tt}(x,t) = F_y = T\int_x^{x+h} u_{xx}(\xi,t)\,d\xi$$

となる．σh で割って $h\to 0$ とする．$u(x,t)$ の (x,t) を略して書くと，

$$u_{tt} = c^2 u_{xx} \quad (c = \sqrt{T/\sigma}) \tag{7.4}$$

が得られる．(7.4) を **波動方程式** という．定数 c は速度の次元をもち，弦を伝わる波の伝播速度を表す．

振動するものが弦ではなく膜であったり，水面に現れる波や空気中を伝わる

7.2 変数分離による解法

音の様子など，2次元や3次元における振動・波動現象は

$$u_{tt} = c^2 \Delta u$$

で記述されることが知られている。

問 7.2 $u = \cos \lambda ct \sin \lambda x$ は波動方程式 (7.4) を満たすことを確認せよ。

【Laplace 方程式】

温度や波の平衡状態は，熱方程式や波動方程式において $u_t = 0$ や $u_{tt} = 0$ とした方程式，すなわち

$$\Delta u = \sum_{j=1}^{n} u_{x_j x_j} = 0$$

という偏微分方程式を満たすと考えられる。これは **Laplace 方程式**とよばれ，熱方程式と波動方程式と並び，偏微分方程式論の基礎となる方程式である。

問 7.3 $u = \log \sqrt{x^2 + y^2}$ は 2 次元の Laplace 方程式 $u_{xx} + u_{yy} = 0$ を満たすことを確認せよ。ただし，$(x, y) \neq (0, 0)$ とする。

問 7.4 $u = 1/\sqrt{x^2 + y^2 + z^2}$ は 3 次元の Laplace 方程式 $u_{xx} + u_{yy} + u_{zz} = 0$ を満たすことを確認せよ。ただし，$(x, y, z) \neq (0, 0, 0)$ とする。

偏微分方程式は，温度や波のように，位置と時間の関数として表される量の変化を研究する際に大変有効である。上では主に物理法則に基づき偏微分方程式を導出したが，例えば化学，生物学，経済学など，他の諸科学の法則に基づいて得られた偏微分方程式も数多く存在する。しかし方程式の分類において，そのほとんどが熱方程式・波動方程式・Laplace 方程式のいずれかに起源をもつ。

7.2 変数分離による解法

熱方程式と波動方程式について，初期値境界値問題の解法としてもっとも基本的である，変数分離による解法を述べる。

まず次の補題を準備しておく。

補題 7.1 $L > 0$ とする。m, n を自然数とするとき

$$\int_0^L \sin\frac{m\pi x}{L} \sin\frac{n\pi x}{L}\, dx = \begin{cases} \dfrac{L}{2} & (m=n), \\ 0 & (m \neq n) \end{cases}$$

が成り立つ。

証明. $m = n$ のとき

$$\begin{aligned}\int_0^L \sin^2\frac{m\pi x}{L}\, dx &= \frac{1}{2}\int_0^L \left(1 - \cos\frac{2m\pi x}{L}\right) dx \\ &= \frac{1}{2}\left[x - \frac{L}{2m\pi}\sin\frac{2m\pi x}{L}\right]_0^L \\ &= \frac{L}{2}\end{aligned}$$

となる。

$m \neq n$ のとき

$$\begin{aligned}&\int_0^L \sin\frac{m\pi x}{L} \sin\frac{n\pi x}{L}\, dx \\ &= -\frac{1}{2}\int_0^L \left(\cos\frac{(m+n)\pi x}{L} - \cos\frac{(m-n)\pi x}{L}\right) dx \\ &= -\frac{1}{2}\left[\frac{L}{(m+n)\pi}\sin\frac{(m+n)\pi x}{L} - \frac{L}{(m-n)\pi}\sin\frac{(m-n)\pi x}{L}\right]_0^L \\ &= 0\end{aligned}$$

となる。 □

熱方程式の初期値境界値問題

$$\begin{cases} u_t = ku_{xx}, & 0 < x < L,\ t > 0, \\ u(0,t) = 0,\ u(L,t) = 0, & t > 0, \\ u(x,0) = f(x), & 0 < x < L \end{cases} \quad (7.5)$$

を考える。この問題には，長さ L の針金において，その境界 $x = 0, L$ では温度を 0 に保つ場合（境界条件），時刻 0 で温度分布 $f(x)$ を与えると（初期条件），時刻 t での温度分布 $u(x,t)$ はどうなるか，という物理的な意味がある。

この問題を次の手順で解く。

【手順 1】方程式と境界条件を満たす関数族 $\{u_n\}$ を求める。

7.2 変数分離による解法

方程式と境界条件を満たす関数を $u(x,t) = X(x)T(t)$ の形で求めよう．方程式に代入すると

$$X(x)T'(t) = kX''(x)T(t),$$

すなわち

$$\frac{X''(x)}{X(x)} = \frac{T'(t)}{kT(t)}$$

となる．左辺は x の関数，右辺は t の関数であるから，この共通の関数は定数である．その定数を $-\lambda$（マイナスをつけたのは説明の便宜上）と表すと，$X(x)$, $T(t)$ はそれぞれ

$$\frac{X''(x)}{X(x)} = -\lambda, \ \frac{T'(t)}{kT(t)} = -\lambda,$$

すなわち

$$-X''(x) = \lambda X(x), \ T'(t) = -\lambda k T(t)$$

を満たす．ここで λ はまだ決定されていない未知の定数であることに注意せよ．

(7.5) の境界条件は

$$X(0) = 0, \ X(L) = 0$$

となる．よって $X(x)$ は常微分方程式

$$\begin{cases} -X''(x) = \lambda X(x), & 0 < x < L, \\ X(0) = 0, \ X(L) = 0 \end{cases} \quad (7.6)$$

の境界値問題の解である．第5章で学んだように $\lambda > 0$ のとき (7.6) の第1式の微分方程式の一般解は，

$$X(x) = A\cos\sqrt{\lambda}x + B\sin\sqrt{\lambda}x$$

となる．

$$X(0) = A, \ X(L) = A\cos\sqrt{\lambda}L + B\sin\sqrt{\lambda}L$$

であるので，(7.6) の第2, 3式の境界条件を満たすためには，

$$A = 0, \ B\sin\sqrt{\lambda}L = 0$$

が必要である．B も 0 とすると $X(x) \equiv 0$（自明解）となる．$\sin\sqrt{\lambda}L = 0$ となるように λ を選ぶと，$B = 0$ である必要はない．すなわち，特定の λ に対してのみ非自明な解が存在する．上の λ の条件は，$\sqrt{\lambda}L = n\pi$ $(n = 1, 2, \cdots)$ となる．同様の考察で $\lambda \leqq 0$ のとき (7.6) の解は自明解しか存在しないことがわかる．したがって，

$$\lambda = \lambda_n = \frac{n^2\pi^2}{L^2} \quad (n = 1, 2, \cdots)$$

のとき, $B = 1$ とすることで,

$$X(x) = X_n(x) = \sin\sqrt{\lambda_n}x \quad (n = 1, 2, \cdots)$$

という解が存在することがわかる。さらにこれらの λ_n に対して $T(t)$ を求める。$T(t)$ は

$$T'(t) = -\lambda_n k T(t)$$

の解であるから，第5章で学んだ解法により

$$T(t) = T_n(t) = c_n e^{-\lambda_n k t} \quad (n = 1, 2, \cdots)$$

である。ここで c_n は任意の定数である。

以上で (7.5) の方程式と境界条件を満たす関数として

$$u_n(x,t) = X_n(x)T_n(t) = c_n e^{-\lambda_n k t}\sin\sqrt{\lambda_n}x \quad (n = 1, 2, \cdots)$$

が得られた。

【手順2】初期条件を満たすように $\{u_n\}$ を重ね合わせる。

$u_n(x,t)$ を重ね合わせた関数

$$u(x,t) = \sum_{n=1}^{\infty} c_n e^{-\lambda_n k t}\sin\sqrt{\lambda_n}x \tag{7.7}$$

を考える。(7.5) の初期条件を満たすように c_n を定める。

$$u(x,0) = f(x) = \sum_{n=1}^{\infty} c_n \sin\sqrt{\lambda_n}x \tag{7.8}$$

の両辺に $\sin\sqrt{\lambda_m}x$ をかけて $0 \leqq x \leqq L$ で積分すれば, 補題 7.1 より

$$c_m = \frac{2}{L}\int_0^L f(x)\sin\sqrt{\lambda_m}x\,dx \quad (m = 1, 2, \cdots) \tag{7.9}$$

を得る。したがって, (7.7) に (7.9) を代入して, 問題 (7.5) の解

$$u(x,t) = \sum_{n=1}^{\infty} \frac{2}{L}\int_0^L f(\xi)\sin\frac{n\pi\xi}{L}\,d\xi \cdot e^{-(\frac{n\pi}{L})^2 k t}\sin\frac{n\pi x}{L} \tag{7.10}$$

が得られた。

7.2 変数分離による解法

このように，変数分離形の解を重ね合わせて初期値境界値問題の解を求める方法を **変数分離の方法**，または **Fourier の方法** という。

注意 7.1 上では形式的な計算で解を求めたが，初期値 $f(x)$ が $0 \leqq x \leqq L$ で連続で，$f(0) = f(L) = 0$ を満たしていれば，(7.10) は確かに (7.5) の一意解であることが証明できる。[1]

問 7.5 熱方程式の初期値境界値問題

$$\begin{cases} u_t = u_{xx}, & 0 < x < \pi,\ t > 0, \\ u(0,t) = 0,\ u(\pi,t) = 0, & t > 0, \\ u(x,0) = 2\sin x + \sin 2x, & 0 < x < \pi \end{cases}$$

の解を変数分離の方法で求めよ。

今度は波動方程式の初期値境界値問題 (または混合問題)

$$\begin{cases} u_{tt} = c^2 u_{xx}, & 0 < x < L,\ t > 0, \\ u(0,t) = 0,\ u(L,t) = 0, & t > 0, \\ u(x,0) = f(x),\ u_t(x,0) = g(x), & 0 < x < L \end{cases} \quad (7.11)$$

を変数分離の方法で解く。

【手順 1】$u(x,t) = X(x)T(t)$ を方程式に代入すると

$$X(x)T''(t) = c^2 X''(x)T(t),$$

すなわち

$$\frac{X''(x)}{X(x)} = \frac{T''(t)}{c^2 T(t)}$$

となる。左辺は x の関数，右辺は t の関数であるから，この共通の関数は定数である。その定数を $-\lambda$ と表すと，$X(x)$, $T(t)$ はそれぞれ微分方程式

$$-X''(x) = \lambda X(x),\ T''(t) = -\lambda c^2 T(t)$$

を満たす。

(7.11) の境界条件は

$$X(0) = 0,\ X(L) = 0$$

---

[1] 藤田・池部・犬井・高見，「数理物理に現れる偏微分方程式 I」，岩波書店，p.23

となる。よって $X(x)$ は常微分方程式

$$\begin{cases} -X''(x) = \lambda X(x), & 0 < x < L, \\ X(0) = 0, \ X(L) = 0 \end{cases}$$

の境界値問題の解である。これを解くと

$$\lambda = \lambda_n = \frac{n^2\pi^2}{L^2} \quad (n = 1, 2, \cdots)$$

のとき，

$$X(x) = X_n(x) = \sin\sqrt{\lambda_n}x \quad (n = 1, 2, \cdots)$$

という解が存在する。さらに $T(t)$ は

$$T''(t) = -\lambda_n c^2 T(t)$$

の解であるので，再び第 5 章の一般解により

$$T(t) = T_n(t) = A_n \cos\sqrt{\lambda_n}ct + B_n \sin\sqrt{\lambda_n}ct \quad (n = 1, 2, \cdots)$$

である。ここで A_n, B_n は任意の定数である。

以上で (7.5) の方程式と境界条件を満たす関数として

$$\begin{aligned} u_n(x,t) &= X_n(x)T_n(t) \\ &= (A_n \cos\sqrt{\lambda_n}ct + B_n \sin\sqrt{\lambda_n}ct) \sin\sqrt{\lambda_n}x \\ &\qquad (n = 1, 2, \cdots) \end{aligned}$$

が得られた。

【手順 2】 $u_n(x,t)$ を重ね合わせた関数

$$u(x,t) = \sum_{n=1}^{\infty} (A_n \cos\sqrt{\lambda_n}ct + B_n \sin\sqrt{\lambda_n}ct) \sin\sqrt{\lambda_n}x \quad (7.12)$$

が初期条件を満たすように A_n, B_n を定めよう。

$$u(x,0) = f(x) = \sum_{n=1}^{\infty} A_n \sin\sqrt{\lambda_n}x, \quad (7.13)$$

$$u_t(x,0) = g(x) = \sum_{n=1}^{\infty} \sqrt{\lambda_n}cB_n \sin\sqrt{\lambda_n}x \quad (7.14)$$

の両辺に $\sin\sqrt{\lambda_m}x$ をかけて $0 \leqq x \leqq L$ で積分すれば，補題 7.1 より

7.2 変数分離による解法

$$A_m = \frac{2}{L}\int_0^L f(x)\sin\sqrt{\lambda_m}x\,dx \quad (m=1,2,\cdots), \tag{7.15}$$

$$B_m = \frac{2}{\sqrt{\lambda_m}cL}\int_0^L g(x)\sin\sqrt{\lambda_m}x\,dx \quad (m=1,2,\cdots) \tag{7.16}$$

を得る。したがって (7.12), (7.15), (7.16) より，問題 (7.11) の解

$$u(x,t) = \sum_{n=1}^{\infty}\left(\frac{2}{L}\int_0^L f(\xi)\sin\frac{n\pi\xi}{L}\,d\xi \cdot \cos\frac{nc\pi t}{L}\right.$$
$$\left.+\frac{2}{nc\pi}\int_0^L g(\xi)\sin\frac{n\pi\xi}{L}\,d\xi \cdot \sin\frac{nc\pi t}{L}\right)\sin\frac{n\pi x}{L} \tag{7.17}$$

が得られた。

注意 7.2 $0 \leqq x \leqq L$ において $f(x)$ が 3 回連続的微分可能，$g(x)$ が 2 回連続的微分可能であって，

$$f(0) = f(L) = f''(0) = f''(L) = g(0) = g(L) = 0$$

ならば，(7.17) は (7.11) の一意解であることが示される[2]。

問 7.6 波動方程式の初期値境界値問題

$$\begin{cases} u_{tt} = u_{xx}, & 0 < x < \pi,\ t > 0, \\ u(0,t) = 0,\ u(\pi,t) = 0, & t > 0, \\ u(x,0) = 2\sin 2x,\ u_t(x,0) = \sin x, & 0 < x < \pi \end{cases}$$

の解を変数分離の方法で求めよ。

上で述べた変数分離の解法では，熱方程式の解 (7.10) を得るために，初期値の関数 $f(x)$ を (7.8) のように級数で表したとき，補題 7.1 を用いて係数 (7.9) を求めた。波動方程式の場合も同様である。この部分を一般化しておこう。

区間 $-\pi \leqq x \leqq \pi$ で定義された関数 $f(x)$ を三角級数

$$f(x) = \frac{a_0}{2} + \sum_{n=1}^{\infty}(a_n \cos nx + b_n \sin nx) \tag{7.18}$$

で表せたとする。両辺に $\cos mx,\ \sin mx$ をかけて $-\pi \leqq x \leqq \pi$ で積分すると，

---

[2] 藤田他，前掲書，p.142

$$\int_{-\pi}^{\pi}\cos mx\,dx = \int_{-\pi}^{\pi}\sin mx\,dx = \int_{-\pi}^{\pi}\cos nx\sin mx\,dx = 0, \quad (7.19)$$

$$\int_{-\pi}^{\pi}\cos nx\cos mx\,dx = \int_{-\pi}^{\pi}\sin nx\sin mx\,dx = \begin{cases} \pi & (n=m), \\ 0 & (n\neq m) \end{cases} \quad (7.20)$$

に注意すれば,

$$a_n = \frac{1}{\pi}\int_{-\pi}^{\pi} f(x)\cos nx\,dx \quad (n = 0, 1, 2, \cdots), \quad (7.21)$$

$$b_n = \frac{1}{\pi}\int_{-\pi}^{\pi} f(x)\sin nx\,dx \quad (n = 1, 2, \cdots) \quad (7.22)$$

が得られる。a_n, b_n を $f(x)$ の **Fourier 係数**という。また a_n, b_n を (7.21), (7.22) としたときの (7.18) の右辺の三角級数を, $f(x)$ の **Fourier 級数**という。

問 7.7 (7.19), (7.20) を証明せよ。また (7.21), (7.22) を確かめよ。

実は **Euler(オイラー) の公式**

$$e^{ix} = \cos x + i\sin x \quad (x\text{ は実数})$$

を用いると, (7.18) はさらに簡明になる。これは次節で学ぶ Fourier 変換の準備でもあるのでここで述べておく。

Euler の公式により

$$\cos nx = \frac{e^{inx}+e^{-inx}}{2}, \quad \sin nx = \frac{e^{inx}-e^{-inx}}{2i}$$

と表せる。このとき

$$a_n\cos nx + b_n\sin nx = \frac{a_n - ib_n}{2}e^{inx} + \frac{a_n + ib_n}{2}e^{-inx}$$

であるので,

$$c_0 = \frac{a_0}{2}, \ c_n = \frac{a_n - ib_n}{2}, \ c_{-n} = \overline{c_n} = \frac{a_n + ib_n}{2} \quad (n = 1, 2, \cdots) \quad (7.23)$$

とおくと, (7.18) は

$$f(x) = c_0 + \sum_{n=1}^{\infty}(c_n e^{inx} + c_{-n}e^{-inx}) = \sum_{n=-\infty}^{\infty} c_n e^{inx} \quad (7.24)$$

と表される。この右辺が **Fourier 級数の複素形式** または **複素 Fourier 級数**

7.3 Fourier 変換による解法

である。

係数 c_n を求める。(7.24) の両辺に e^{-imx} をかけて $-\pi \leqq x \leqq \pi$ で積分すると

$$\int_{-\pi}^{\pi} f(x) e^{-imx}\, dx = \sum_{n=-\infty}^{\infty} c_n \int_{-\pi}^{\pi} e^{i(n-m)x}\, dx.$$

ここで

$$\int_{-\pi}^{\pi} e^{i(n-m)x}\, dx = \begin{cases} 2\pi & (n=m), \\ \left[\dfrac{1}{i(n-m)} e^{i(n-m)x}\right]_{-\pi}^{\pi} = 0 & (n \neq m) \end{cases}$$

に注意すれば,

$$\int_{-\pi}^{\pi} f(x) e^{-imx}\, dx = 2\pi c_m,$$

すなわち

$$c_n = \frac{1}{2\pi} \int_{-\pi}^{\pi} f(x) e^{-inx}\, dx \quad (n = 0, \pm 1, \pm 2, \cdots) \quad (7.25)$$

を得る。c_n を $f(x)$ の **複素 Fourier 係数** という。

問 7.8 $e^{ix} e^{iy} = e^{i(x+y)}$, $(e^{ix})^n = e^{inx}$ (n は整数) を示せ。

問 7.9 (7.25) は (7.23) を満たすことを確認せよ。

7.3 Fourier 変換による解法

Fourier 変換は無限区間における偏微分方程式, 特に初期値問題 (**Cauchy 問題**) を解く際に有効である。Fourier 変換を用いて, 熱方程式と波動方程式の Cauchy 問題を解いてみよう。

まず $f(x)$ の Fourier 変換を定義する。(7.24) のように $f(x)$ を複素 Fourier 級数で表したことに対応して, 今度はその "連続版", すなわち

$$f(x) = \int_{-\infty}^{\infty} c(\eta) e^{i\eta x}\, d\eta \quad (7.26)$$

と表すことを考える。

複素 Fourier 係数 (7.25) を求めたときと同様にして, $c(\eta)$ を求めよう。両辺に $e^{-i\xi x}$ をかけて $-N \leqq x \leqq N$ で積分すると

$$\int_{-N}^{N} f(x)e^{-i\xi x}\,dx = \int_{-N}^{N}\left(\int_{-\infty}^{\infty} c(\eta)e^{i(\eta-\xi)x}\,d\eta\right)dx$$
$$= \int_{-\infty}^{\infty} c(\eta)\left(\int_{-N}^{N} e^{i(\eta-\xi)x}\,dx\right)d\eta$$
$$= 2\int_{-\infty}^{\infty} c(\eta)\frac{\sin N(\eta-\xi)}{\eta-\xi}\,d\eta$$

となる。$N \to \infty$ とすれば,右辺は $2c(\xi)\pi$ に収束することが示される[3]。よって

$$c(\xi) = \frac{1}{2\pi}\int_{-\infty}^{\infty} f(x)e^{-i\xi x}\,dx$$

と求まる。$c(\xi)$ を $f(x)$ の **Fourier 変換** といい,$\widehat{f}(\xi)$ で表す。すなわち,

$$\widehat{f}(\xi) = \frac{1}{2\pi}\int_{-\infty}^{\infty} f(x)e^{-i\xi x}\,dx$$

とおく。(7.26) と併せて,

$$f(x) = \int_{-\infty}^{\infty} \widehat{f}(\xi)e^{i\xi x}\,d\xi \tag{7.27}$$

を得る。これを **Fourier の反転公式** という。(7.27) の右辺を $\widehat{f}$ の **逆 Fourier 変換** という。Fourier の反転公式は,$f(x)$ を Fourier 変換してから逆 Fourier 変換すると $f(x)$ に戻ることを意味する。

Fourier 変換の性質で,特に重要なものを挙げる。

補題 7.2 次が成り立つ。

1. $|f(x)|, |f'(x)|$ がともに積分可能であれば,

$$\widehat{f'}(\xi) = i\xi\widehat{f}(\xi)$$

となる。同様に,$f(x), \cdots, f^{(n)}(x)$ がすべて積分可能であれば

$$\widehat{f^{(n)}}(\xi) = (i\xi)^n\widehat{f}(\xi)$$

となる。

2. $f(x) = e^{-ax^2}\ (a > 0)$ の Fourier 変換は

$$\widehat{f}(\xi) = \frac{1}{\sqrt{4a\pi}}e^{-\frac{\xi^2}{4a}}$$

である。

---

[3] ただし $c(\eta)$ は連続性を仮定しておく。証明は入江・垣田,「フーリエの方法」,内田老鶴圃,pp.66–70。

7.3 Fourier 変換による解法

証明.

1. $|f(x)|, |f'(x)|$ がともに積分可能であるとき，$\lim_{x \to \pm\infty} f(x) = 0$ であることに注意する[4]。したがって

$$\widehat{f'}(\xi) = \frac{1}{2\pi} \int_{-\infty}^{\infty} f'(x)e^{-i\xi x}\,dx$$

$$= \frac{1}{2\pi}\left([f(x)e^{-i\xi x}]_{-\infty}^{\infty} + i\xi \int_{-\infty}^{\infty} f(x)e^{-i\xi x}\,dx\right)$$

$$= i\xi \widehat{f}(\xi).$$

また，$\widehat{f^{(n)}}(\xi) = i\xi \widehat{f^{(n-1)}}(\xi) = \cdots = (i\xi)^{n-1}\widehat{f'}(\xi) = (i\xi)^n \widehat{f}(\xi)$ となる。

2. $f(x) = e^{-ax^2}\ (a > 0)$ のとき

$$\widehat{f}(\xi) = \frac{1}{2\pi} \int_{-\infty}^{\infty} e^{-ax^2}e^{-i\xi x}\,dx$$

の両辺を ξ で微分すると

$$\frac{d}{d\xi}\widehat{f}(\xi) = \frac{1}{2\pi}\int_{-\infty}^{\infty}(-ix)e^{-ax^2}e^{-i\xi x}\,dx$$

$$= \frac{1}{2\pi}\left(\left[\frac{i}{2a}e^{-ax^2}e^{-i\xi x}\right]_{-\infty}^{\infty} - \frac{\xi}{2a}\int_{-\infty}^{\infty}e^{-ax^2}e^{-i\xi x}\,dx\right)$$

$$= -\frac{\xi}{2a}\widehat{f}(\xi)$$

となる。これは ξ に関する変数分離形の常微分方程式であるので，一般解は

$$\widehat{f}(\xi) = Ce^{-\frac{\xi^2}{4a}}$$

と求められる。$\xi = 0$ とすると，$\int_{-\infty}^{\infty} e^{-t^2}\,dt = \sqrt{\pi}$ に注意して

$$C = \widehat{f}(0) = \frac{1}{2\pi}\int_{-\infty}^{\infty} e^{-ax^2}\,dx = \frac{1}{2\pi\sqrt{a}}\int_{-\infty}^{\infty} e^{-t^2}\,dt = \frac{1}{\sqrt{4\pi a}}$$

となる。したがって

$$\widehat{f}(\xi) = \frac{1}{\sqrt{4\pi a}}e^{-\frac{\xi^2}{4a}}$$

である。 □

---

[4] 入江・垣田，「フーリエの方法」，内田老鶴圃，p.57。

問 7.10 $f(x) = e^{-a|x|}$ $(a > 0)$ を Fourier 変換せよ。

熱方程式の Cauchy 問題

$$\begin{cases} u_t = ku_{xx}, & -\infty < x < \infty,\ t > 0, \\ u(x,0) = f(x), & -\infty < x < \infty \end{cases} \tag{7.28}$$

を考える。

両辺を Fourier 変換すると, 補題 7.2 の 1 により

$$\begin{cases} \dfrac{d}{dt}\widehat{u}(\xi,t) = -k\xi^2 \widehat{u}(\xi,t), \\ \widehat{u}(\xi,0) = \widehat{f}(\xi) \end{cases}$$

となる。これは t に関する常微分方程式の初期値問題であるので,

$$\widehat{u}(\xi,t) = \widehat{f}(\xi) e^{-k\xi^2 t}$$

と求められる。よって Fourier の反転公式により

$$u(x,t) = \int_{-\infty}^{\infty} \widehat{u}(\xi,t) e^{ix\xi}\, d\xi = \int_{-\infty}^{\infty} \widehat{f}(\xi) e^{-k\xi^2 t + ix\xi}\, d\xi$$

を得る。$g(\xi) = e^{-k\xi^2 t}$ とおいて, さらに計算すると

$$\begin{aligned} u(x,t) &= \frac{1}{2\pi} \int_{-\infty}^{\infty} \int_{-\infty}^{\infty} f(y) g(\xi) e^{-i\xi(y-x)}\, dy d\xi \\ &= \frac{1}{2\pi} \int_{-\infty}^{\infty} f(y) \left(\int_{-\infty}^{\infty} g(\xi) e^{-i\xi(y-x)}\, d\xi \right) dy \\ &= \int_{-\infty}^{\infty} f(y) \widehat{g}(y-x)\, dy \end{aligned}$$

となる。ここで補題 7.2 の 2 を $a = kt$ として用いると

$$\widehat{g}(\xi) = \frac{1}{\sqrt{4k\pi t}} e^{-\frac{\xi^2}{4kt}}$$

であるので, (7.28) の解は

$$u(x,t) = \int_{-\infty}^{\infty} \frac{1}{\sqrt{4k\pi t}} e^{-\frac{(x-y)^2}{4kt}} f(y)\, dy$$

と表される。

7.3 Fourier 変換による解法

これは

$$E(x,t) = \frac{1}{\sqrt{4k\pi t}} e^{-\frac{x^2}{4kt}}$$

とおけば,

$$u(x,t) = \int_{-\infty}^{\infty} E(x-y,t)f(y)\,dy \tag{7.29}$$

と表される。$E(x,t)$ を熱方程式の **Gauss(ガウス) 核**, **熱核** または **基本解** という。

注意 7.3 上では形式的な計算であったが, もし $f(x)$ が有界な連続関数であれば

$$u(x,t) = \begin{cases} \int_{-\infty}^{\infty} E(x-y,t)f(y)\,dy, & t > 0, \\ f(x), & t = 0 \end{cases}$$

は (7.28) を満たすことが示せる。さらに $u(x,t)$ は $t \geqq 0$ で連続, $t > 0$ で x, t について無限回微分可能であることが示せる[5]。

問 7.11 $E(x,t)$ は次を満たすことを示せ。
(1) 熱方程式 $E_t = kE_{xx}$。したがって, 解 (7.29) も $u_t = ku_{xx}$ を満たす。
(2) 熱量保存 $\int_{-\infty}^{\infty} E(x,t)\,dx = 1 \quad (t > 0)$。

問 7.12 初期値 $f(x) = e^{-x^2}$ に対する Cauchy 問題 (7.28) を解け。

次に波動方程式の Cauchy 問題

$$\begin{cases} u_{tt} = c^2 u_{xx}, & -\infty < x < \infty,\ t > 0, \\ u(x,0) = f(x),\ u_t(x,0) = g(x), & -\infty < x < \infty \end{cases} \tag{7.30}$$

を考える。

両辺を Fourier 変換すると, 補題 7.2 の 1 により

$$\begin{cases} \dfrac{d^2}{dt^2}\widehat{u}(\xi,t) = -c^2\xi^2\widehat{u}(\xi,t), \\ \widehat{u}(\xi,0) = \widehat{f}(\xi),\ \dfrac{d}{dt}\widehat{u}(\xi,0) = \widehat{g}(\xi) \end{cases}$$

が得られる。これは t に関する常微分方程式の初期値問題であるので, 解くと

---

[5] 藤田他, 前掲著, p.41。

$$\widehat{u}(\xi,t) = \widehat{f}(\xi)\cos c|\xi|t + \frac{\widehat{g}(\xi)}{c|\xi|}\sin c|\xi|t$$
$$= \widehat{f}(\xi)\cos c\xi t + \frac{\widehat{g}(\xi)}{c\xi}\sin c\xi t$$

となる. よって Fourier の反転公式により

$$u(x,t) = \int_{-\infty}^{\infty} \widehat{u}(\xi,t)e^{ix\xi}\,d\xi$$
$$= \int_{-\infty}^{\infty} \widehat{f}(\xi)\cos c\xi t \cdot e^{ix\xi}\,d\xi + \int_{-\infty}^{\infty} \frac{\widehat{g}(\xi)}{c\xi}\sin c\xi t \cdot e^{ix\xi}\,d\xi$$

となる. 右辺第 1 項は $\cos c\xi t = (e^{ic\xi t} + e^{-ic\xi t})/2$ と Fourier の反転公式を用いて

$$\frac{1}{2}\left(\int_{-\infty}^{\infty} \widehat{f}(\xi)e^{i(x+ct)\xi}\,d\xi + \int_{-\infty}^{\infty} \widehat{f}(\xi)e^{i(x-ct)\xi}\,d\xi\right)$$
$$= \frac{1}{2}(f(x+ct) + f(x-ct))$$

となる. 右辺第 2 項は $\sin c\xi t = (e^{ic\xi t} - e^{-ic\xi t})/(2i)$ を用いて, 以下のように変形される. $G(x) = \int g(x)\,dx$ とすれば, $G'(x) = g(x)$ となる. この両辺を Fourier 変換して得られる $\frac{1}{i\xi}\widehat{g}(\xi) = \widehat{G}(\xi)$ から, $\frac{1}{i\xi}\widehat{g}(\xi)$ の逆 Fourier 変換が $G(x)$ であるとわかる. よって, 右辺第 2 項は,

$$\frac{1}{2c}\left(\int_{-\infty}^{\infty} \frac{1}{i\xi}\widehat{g}(\xi)e^{i(x+ct)\xi}\,d\xi - \int_{-\infty}^{\infty} \frac{1}{i\xi}\widehat{g}(\xi)e^{i(x-ct)\xi}\,d\xi\right)$$
$$= \frac{1}{2c}(G(x+ct) - G(x-ct))$$
$$= \frac{1}{2c}\int_{x-ct}^{x+ct} g(\xi)\,d\xi$$

となる. したがって (7.30) の解は

$$u(x,t) = \frac{1}{2}(f(x+ct) + f(x-ct)) + \frac{1}{2c}\int_{x-ct}^{x+ct} g(\xi)\,d\xi \quad (7.31)$$

と表される. これを **d'Alembert(ダランベール) の公式** という.

注意 7.4 上では形式的に計算したが，$f(x)$ が 2 回連続的微分可能，$g(x)$ が 1 回連続的微分可能であれば，(7.31) は (7.30) の解であることが示される[6]。

問 7.13 (7.31) で与えられる u は (7.30) を満たすことを確認せよ。

問 7.14 初期値 $f(x) = e^x$, $g(x) = \sin x$ に対する Cauchy 問題 (7.30) を解け。

章末問題 7

1 次の問いに答えよ。

(1) m, n を自然数とするとき
$$\int_0^L \cos\frac{(2m+1)\pi x}{2L} \cos\frac{(2n+1)\pi x}{2L}\, dx = \begin{cases} \dfrac{L}{2} & (m = n), \\ 0 & (m \neq n) \end{cases}$$
であることを示せ。

(2) 熱方程式の初期値境界値問題
$$\begin{cases} u_t = k u_{xx}, & 0 < x < L,\ t > 0, \\ u_x(0, t) = 0,\ u(L, t) = 0, & t > 0, \\ u(x, 0) = f(x), & 0 < x < L \end{cases}$$
の解を変数分離の方法で求めよ。

2 波動方程式の初期値境界値問題
$$\begin{cases} u_{tt} = c^2 u_{xx}, & 0 < x < L,\ t > 0, \\ u_x(0, t) = 0,\ u_x(L, t) = 0, & t > 0, \\ u(x, 0) = f(x),\ u_t(x, 0) = 0, & 0 < x < L \end{cases}$$
の解を変数分離の方法で求めよ。

3 2 次元の Laplace 方程式の境界値問題
$$\begin{cases} u_{xx} + u_{yy} = 0, & -\infty < x < \infty,\ y > 0, \\ u(x, 0) = f(x), & -\infty < x < \infty \end{cases}$$
の解で，$y \to \infty$ のとき $u(x, y) \to 0$ であるような解を求めよ（ヒント：u を x に関して Fourier 変換せよ）。

---

[6] 藤田他，前掲著，p.144。

4 Schrödinger(シュレーディンガー) 方程式の Cauchy 問題

$$\begin{cases} u_t = iu_{xx}, & -\infty < x < \infty,\ t > 0, \\ u(x,0) = e^{-x^2}, & -\infty < x < \infty \end{cases}$$

の解を求めよ．ただし，実部が正である任意の複素数 a に対して，補題 7.2 の 2 が成り立つことを用いてよい．

問と章末問題の解答

1. 序　論

問 1.1　(1) 略。　(2) 略。
(3) 微分方程式の左辺に代入すると, $(c_1 e^{-x} + c_2 e^{3x})'' - 2(c_1 e^{-x} + c_2 e^{3x})' - 3(c_1 e^{-x} + c_2 e^{3x}) = c_1 e^{-x} + 9 c_2 e^{3x} + 2 c_1 e^{-x} - 6 c_2 e^{3x} - 3 c_1 e^{-x} - 3 c_2 e^{3x} = 0 = $ 右辺 となる。

問 1.2　$y_1(x) = y(x)$, $y_2(x) = y'(x)$ とおくと $y_1'(x) = y_2(x)$, $y_2'(x) = 3 y_1(x) + 2 y_2(x)$ となる。

問 1.3　微分方程式の左辺に一般解を代入すると, $(c_1 \cos x + c_2 \sin x)'' + c_1 \cos x + c_2 \sin x = -c_1 \cos x - c_2 \sin x + c_1 \cos x + c_2 \sin x = 0 = $ 右辺 となる。よって, 解であることがわかる。この一般解を初期条件に代入すると, $c_1 \cos 0 + c_2 \sin 0 = 1$, $-c_1 \sin 0 + c_2 \cos 0 = 0$ となる。これらを解くと, $c_1 = 1$, $c_2 = 0$ となる。ゆえに, 初期値問題の解は $y = \cos x$ である。

章末問題 1

1　(1) 略。

(2) 左辺 $= \left(\dfrac{c e^t}{c e^t + 1} \right)' = \dfrac{c e^t (c e^t + 1) - c e^t \cdot c e^t}{(c e^t + 1)^2} = \dfrac{c e^t}{(c e^t + 1)^2}$ となる。また, 右辺 $= \dfrac{c e^t}{c e^t + 1} \left(1 - \dfrac{c e^t}{c e^t + 1} \right) = \dfrac{c e^t (c e^t + 1 - c e^t)}{(c e^t + 1)^2} = \dfrac{c e^t}{(c e^t + 1)^2}$ である。ゆえに, 左辺 $=$ 右辺 である。

2　(1) 左辺 $= -2x \cdot c e^{-x^2} + 2x(c e^{-x^2} + 3) = 6x = $ 右辺 となる。

(2) 一般解を初期条件に代入すると, $y(1) = c e^{-1} + 3 = 2$ となる。これを解いて $c = -e$ を得る。ゆえに初期値問題の解は, $y = -e^{-x^2+1} + 3$ である。

3　(1) 左辺 $= (c_1 + c_2 e^{2x} + c_3 e^{-2x})''' - 4(c_1 + c_2 e^{2x} + c_3 e^{-2x})' = 8 c_2 e^{2x} - 8 c_3 e^{-2x} - 8 c_2 e^{2x} + 8 c_3 e^{-2x} = 0 = $ 右辺 となる。

(2) 一般解を初期条件に代入すると，$c_1+c_2+c_3 = 2, 2c_2-2c_3 = -10, 4c_2+4c_3 = 4$ となる。これらを解いて $c_1 = 1, c_2 = -2, c_3 = 3$ を得る。ゆえに初期値問題の解は $y = 1 - 2e^{2x} + 3e^{-2x}$ である。

2. 1階の微分方程式

以下，c_1, c を任意定数とする。

問 2.1 (1) 変数分離形であるので，
$$\int e^{3y} dy = \int e^{2x} dx + c_1$$
を計算して，
$$\frac{e^{3y}}{3} = \frac{e^{2x}}{2} + c_1$$
が得られ，解は $y = \frac{1}{3} \log \left(\frac{3}{2} e^{2x} + c \right)$ となる。

(2) まず，$y \equiv 0$ は解である。変数分離形であるので，
$$\int \frac{dy}{y^2} = \int x^2 dx + c_1$$
を計算して，
$$-\frac{1}{y} = \frac{x^3}{3} + c_1$$
が得られ，解は $y = \dfrac{3}{c - x^3}$, $y \equiv 0$ となる。

問 2.2 $u = x - y$ と変数変換すると，微分方程式は，$u' = \sin^2 u$ となる。これより，$\cot u = -x + c$ が得られ，解は $\cot(x - y) = -x + c$ となる。

問 2.3 $u = \dfrac{y}{x}$ と変数変換すると，微分方程式は，$xu' = \dfrac{1}{u}$ となる。これより，$u^2 = \log(x^2) + c$ が得られ，解は $y^2 = x^2 \left\{ \log(x^2) + c \right\}$ となる。

問 2.4 $u = x+1, v = y-1$ と変数変換すると，微分方程式は
$$\frac{dv}{du} = \frac{u - 2v}{2u + v}$$
となる。さらに $w = \dfrac{y}{u}$ とおいて，計算すると，
$$u \frac{dw}{du} = \frac{1 - 4w - w^2}{2 + w}$$
となるから，

2. 1階の微分方程式

$$u^2(1-4w-w^2) = c$$

が得られ，解は $(x+1)^2 - 4(x+1)(y-1) - (y-1)^2 = c$ となる．

問 2.5 (1) $y' + 3y = 0$ の特殊解は，$y = e^{-3x}$ である．よって，微分方程式の両辺に e^{3x} をかけることにより，

$$(ye^{3x})' = (y' + 3y)e^{3x} = e^{5x}$$

が得られる．よって，解は $y = \dfrac{1}{5}e^{2x} + ce^{-3x}$ である．

(2) $y' + \dfrac{y}{x} = 0$ を解くと，$y = \dfrac{c}{x}$ が得られる．任意定数 c を関数 $u(x)$ に置き換えて，$y = \dfrac{u}{x}$ とおくと，微分方程式 $\dfrac{u'}{x} = x^3$ を得る．これより，$u = \dfrac{x^4}{4} + c$ が得られ，解は $y = \dfrac{x^3}{4} + \dfrac{c}{x}$ となる．

問 2.6 $u = \dfrac{1}{y}$ と変数変換すると，微分方程式は $u' - u = -2e^{-x}$ になる．この線形微分方程式を解くと，$u = ce^x + e^{-x}$ が得られ，解は $y = \dfrac{1}{ce^x + e^{-x}}$ となる．

問 2.7 (1) $y_1' + (2xe^{-x} + 1)y_1 - e^{-x}y_1^2 = 1 + (2xe^{-x} + 1)x - e^{-x}x^2 = x^2 e^{-x} + x + 1$ より，$y_1(x) = x$ は解である．

(2) $u = y - y_1$ とおき，微分方程式に代入して整理すると，$u' + u = e^{-x}u^2$ となる．そこで，$v = \dfrac{1}{u}$ とおくと，微分方程式は，

$$v' - v = -e^{-x}$$

となる．これを解くと，c を任意定数として，

$$v = \dfrac{ce^x + e^{-x}}{2}$$

が得られ，解は $y = x + \dfrac{2}{ce^x + e^{-x}}$ となる．

問 2.8 $y(x) = 1 + \displaystyle\int_0^x y(\xi)\,d\xi$ と同値である．y_k を

$$y_0(x) = 1, \quad y_k(x) = 1 + \int_0^x y_{k-1}(\xi)\,d\xi$$

で定義すると，数学的帰納法により，$y_k(x) = \displaystyle\sum_{j=0}^{k} \dfrac{x^j}{j!}$ がわかる．ゆえに，

$$y(x) = \lim_{k \to \infty} y_k(x) = \sum_{j=0}^{\infty} \dfrac{x^j}{j!} = e^x$$

となる．

章末問題 2

1 c を任意定数とする。

(1) 変数分離形である。解は $y = \dfrac{ce^{2x} - 1}{ce^{2x} + 1}$.

(2) 変数分離形である。解は $y = cx^x e^{-x}$.

(3) 変数分離形である。解は $\tan\dfrac{y}{2} = ce^{\frac{x^2}{2}}$.

(4) 変数分離形である。解は $x^2 - y^2 = \log(x^2) + c$.

(5) $2x - 3y = u$ とおいて計算する。解は $(3x + c)e^{2x-3y} = 1$.

(6) $y - x = u$ とおいて計算する。解は $4x + 2\arctan(y-x) + \log\left|\dfrac{y-x+1}{y-x-1}\right| = c$.

(7) 同次形である。解は $x^2 \sin\dfrac{y}{x} = c$.

(8) 同次形である。解は $y = \dfrac{cx^2}{cx+1}$.

(9) $u = x - 3$, $v = y - 1$ とおき、さらに $w = \dfrac{v}{u}$ とおいて計算する。解は $(x-3)^2 - (x-3)(y-1) + (y-1)^2 = c$.

(10) $u = x - 1$, $v = y + 2$ とおき、さらに $w = \dfrac{v}{u}$ とおいて計算する。解は $2\arctan\dfrac{y+2}{x-1} = \log\{(x-1)^2 + (y+2)^2\} + c$.

(11) 線形方程式である。解は $y = ce^{x^2} - e^x$.

(12) 線形方程式である。解は $y = \dfrac{1}{\cos x}\left(c - \dfrac{\cos 2x}{4}\right)$.

(13) 線形方程式である。解は $y = x(\log|\log|x|| + c)$.

(14) 線形方程式である。解は $y = \dfrac{1+x}{1-x}\left(\dfrac{1}{3}x^3 - x^2 + x + c\right)$.

(15) Bernoulli の方程式である。解は $y^2(ce^{x^2} + 1) = 1$.

(16) Bernoulli の方程式である。解は $y^{\frac{3}{2}} = cx^3 - 3x^2$.

2 (1) 略。

(2) c を任意定数とするとき、$y = \dfrac{1 + c - \log|x|}{x(c - \log|x|)}$.

3 (1) $y'(x) = z(x)$, $z'(x) = -y(x)$, $y(0) = 0$, $z(0) = 1$.

(2) $\begin{pmatrix} y(x) \\ z(x) \end{pmatrix} = \begin{pmatrix} 0 \\ 1 \end{pmatrix} + \displaystyle\int_0^x \begin{pmatrix} z(\xi) \\ -y(\xi) \end{pmatrix} d\xi$.

(3) $\begin{pmatrix} y_0(x) \\ z_0(x) \end{pmatrix} = \begin{pmatrix} 0 \\ 1 \end{pmatrix}$, $\begin{pmatrix} y_k(x) \\ z_k(x) \end{pmatrix} = \begin{pmatrix} 0 \\ 1 \end{pmatrix} + \displaystyle\int_0^x \begin{pmatrix} z_{k-1}(\xi) \\ -y_{k-1}(\xi) \end{pmatrix} d\xi$ と

すると，数学的帰納法により，

$$y_{2m-1}(x) = y_{2m}(x) = \sum_{j=0}^{m-1} \frac{(-1)^j x^{2j+1}}{(2j+1)!},$$

$$z_{2m}(x) = z_{2m+1}(x) = \sum_{j=0}^{m} \frac{(-1)^j x^{2j}}{(2j)!}$$

となる。ゆえに，

$$y(x) = \lim_{k \to \infty} y_k(x) = \sum_{j=0}^{\infty} \frac{(-1)^j x^{2j+1}}{(2j+1)!} = \sin x,$$

$$z(x) = \lim_{k \to \infty} z_k(x) = \sum_{j=0}^{\infty} \frac{(-1)^j x^{2j}}{(2j)!} = \cos x$$

となる。

注意 この初期値問題は 1 階の連立方程式に直さなくても次の逐次近似法でも解を構成できる。初期値問題は，

$$y(x) = x - \int_0^x \int_0^\xi y(\eta) \, d\eta d\xi$$

と同値である。

$$y_0(x) = x, \quad y_k(x) = x - \int_0^x \int_0^\xi y_{k-1}(\eta) \, d\eta d\xi$$

で関数 y_k を定義すると，

$$y_k(x) = \sum_{j=0}^{k} \frac{(-1)^j x^{2j+1}}{(2j+1)!} \to \sum_{j=0}^{\infty} \frac{(-1)^j x^{2j+1}}{(2j+1)!} = \sin x \quad (k \to \infty)$$

となる。

3. 線形微分方程式の解の一般的性質

問 3.1 $c_1 \boldsymbol{y}(x) + c_2 \boldsymbol{y}(x) = \boldsymbol{o}$ とする。$x > 0$ とすると $c_1 + c_2 = 0$ が，$x < 0$ とすると $c_1 - c_2 = 0$ が得られる。これらより，$c_1 = c_2 = 0$ となるので，$\{\boldsymbol{y}(x), \boldsymbol{y}(x)\}$ は一次独立である。一方，$x \mathrm{sgn}(x) = |x|$ に注意すると，$\det W(x) = 3x^5 \mathrm{sgn}(x) - 3x^2 |x|^3 = 0$ が言える。

問 3.2 $n = 1$ のとき，同次方程式の解は $\exp\left(\int^x a_{11}(\xi) \, d\xi\right)$ である。これが $W(x)$ であり，$W(x)^{-1} = \exp\left(-\int^x a_{11}(\xi) \, d\xi\right)$ である。よって，定数変化公式は

$$y(x) = \exp\left(\int^x a_{11}(\xi)\,d\xi\right)\left\{\int^x \exp\left(-\int^\xi a_{11}(\eta)\,d\eta\right)b_1(\xi)\,d\xi + c\right\}$$

となる。

問 3.3 $R(x,\xi) = W(x)W(\xi)^{-1} = \exp\left(\int^x a_{11}(\eta)\,d\eta\right)\exp\left(-\int^\xi a_{11}(\eta)\,d\eta\right)$
$= \exp\left(\int_\xi^x a_{11}(\eta)\,d\eta\right)$ であるので,

$$y(x) = \int_{x_0}^x \exp\left(\int_\xi^x a_{11}(\eta)\,d\eta\right) b_1(\xi)\,d\xi + \exp\left(\int_{x_0}^x a_{11}(\eta)\,d\eta\right) y_0$$

となる。

問 3.4 $i = 1, \cdots, n-1$ のとき, $y_i'(x) = y^{(i)}(x) = y_{i+1}(x)$ である。また, $y_n'(x) = y^{(n)}(x) = -a_1(x)y^{(n-1)}(x) - \cdots - a_n(x)y(x) + b(x) = -a_1(x)y_n(x) - \cdots - a_n(x)y_1(x) + b(x)$ となる。よって,

$$\boldsymbol{y}'(x) = \begin{pmatrix} y_1'(x) \\ \vdots \\ y_{n-1}'(x) \\ y_n'(x) \end{pmatrix}$$

$$= \begin{pmatrix} 0 & 1 & 0 & \cdots & 0 \\ \vdots & \ddots & \ddots & \vdots & \vdots \\ 0 & \cdots & \cdots & 0 & 1 \\ -a_n(x) & -a_{n-1}(x) & \cdots & -a_2(x) & a_1(x) \end{pmatrix} \begin{pmatrix} y_1(x) \\ \vdots \\ y_{n-1}(x) \\ y_n(x) \end{pmatrix}$$

$$+ \begin{pmatrix} 0 \\ \vdots \\ 0 \\ b(x) \end{pmatrix}$$

となる。ゆえに,

$$A(x) = \begin{pmatrix} 0 & 1 & 0 & \cdots & 0 \\ \vdots & \ddots & \ddots & \vdots & \vdots \\ 0 & \cdots & \cdots & 0 & 1 \\ -a_n(x) & -a_{n-1}(x) & \cdots & -a_2(x) & a_1(x) \end{pmatrix},$$

$$\boldsymbol{b}(x) = \begin{pmatrix} 0 \\ \vdots \\ 0 \\ b(x) \end{pmatrix}$$

となる。

3. 線形微分方程式の解の一般的性質

問 3.5 $n=2$ のときの基本解を $\{y_1(x), y_2(x)\}$ とおく。
$$W(\xi) = \begin{pmatrix} y_1(\xi) & y_2(\xi) \\ y_1'(\xi) & y_2'(\xi) \end{pmatrix}, \quad \det W(\xi) = y_1(\xi)y_2'(\xi) - y_2(\xi)y_1'(\xi)$$
である。また,
$$W_1(\xi) = \begin{pmatrix} 0 & y_2(\xi) \\ b(\xi) & y_2'(\xi) \end{pmatrix}, \quad \det W_1(\xi) = -y_2(\xi)b(\xi),$$
$$W_2(\xi) = \begin{pmatrix} y_1(\xi) & 0 \\ y_1'(\xi) & b(\xi) \end{pmatrix}, \quad \det W_2(\xi) = y_1(\xi)b(\xi)$$
である。これを代入して,
$$y(x) = \int^x \frac{y_1(\xi)y_2(x) - y_2(\xi)y_1(x)}{y_1(\xi)y_2'(\xi) - y_2(\xi)y_1'(\xi)} b(\xi)\,d\xi + c_1 y_1(x) + c_2 y_2(x)$$
となる。

章末問題 3

1 $(e^{\lambda x}\boldsymbol{v})' = e^{\lambda x}\lambda\boldsymbol{v} = e^{\lambda x}A\boldsymbol{v} = A(e^{\lambda x}\boldsymbol{v})$ となるので解である。

2 解の一意性より, $e^{\lambda(x-x_0)}\boldsymbol{y}(x_0)$ は方程式の解であり, $x = x_0$ のとき $\boldsymbol{y}(x_0)$ になる。解の一意性より
$$\boldsymbol{y}(x) = e^{\lambda(x-x_0)}\boldsymbol{y}(x_0)$$
である。$\boldsymbol{y}(x)$ は固有ベクトル $\boldsymbol{y}(x_0)$ のスカラー倍であるので, それも固有ベクトルである。

3 固有値を λ_j ($j = 1, 2, \cdots, n$) とし, それに対する固有ベクトルを $\boldsymbol{v}_j$ とする。仮定より, $\{\boldsymbol{v}_1, \cdots, \boldsymbol{v}_n\}$ は一次独立である。$\boldsymbol{y}_j(x) = e^{\lambda_j x}\boldsymbol{v}_j$ は方程式の解である。$W(x)$ を $\{\boldsymbol{y}_1(x), \cdots, \boldsymbol{y}_n(x)\}$ の Wronski 行列とすると,
$$\det W(0) = \det(\boldsymbol{v}_1, \cdots, \boldsymbol{v}_n) \neq 0$$
である。よって, $\{\boldsymbol{y}_1(x), \cdots, \boldsymbol{y}_n(x)\}$ は基本解である。

4 A が定数行列であるので, Peano-Baker 級数は
$$E_n + \sum_{k=1}^{\infty} \int_{x_0}^{x} \int_{x_0}^{\xi_1} \cdots \int_{x_0}^{\xi_{k-1}} A^k\,d\xi_k \cdots d\xi_2 d\xi_1$$
$$= E_0 + \sum_{k=1}^{\infty} \frac{(x-x_0)^k A^k}{k!} = \sum_{k=0}^{\infty} \frac{(x-x_0)A^k}{k!}$$
となる。

5 $A^k = \begin{pmatrix} 1 & k \\ 0 & 1 \end{pmatrix}$ であるので,

$$\sum_{k=0}^{\infty}\frac{(x-x_0)A^k}{k!} = \begin{pmatrix} 1 & 0 \\ 0 & 1 \end{pmatrix} + \sum_{k=1}^{\infty}\begin{pmatrix} \frac{(x-x_0)^k}{k!} & \frac{(x-x_0)^k}{(k-1)!} \\ 0 & \frac{(x-x_0)^k}{k!} \end{pmatrix}$$
$$= \begin{pmatrix} e^{x-x_0} & (x-x_0)e^{x-x_0} \\ 0 & e^{x-x_0} \end{pmatrix}$$

となる。

4. 変数係数の 2 階線形微分方程式

問 4.1 略。

問 4.2 c_1, c_2 は定数とする。
(1) $y(x) = c_1 x + c_2 x^{-1}$, (2) $y(x) = c_1 x^2 + c_2 x^2 \log x$.

問 4.3 c_1, c_2 は定数とする。
(1) $y(x) = c_1 x + c_2 x^{-1} - 1$, (2) $y(x) = c_1 x^2 + c_2 x^2 \log x + \frac{x^2}{2}(\log x)^2$.

問 4.4
$$y''(x) = \sum_{n=0}^{\infty}(n+2)(n+1)c_{n+2}x^n, \quad xy'(x) = \sum_{n=0}^{\infty}nc_n x^n$$
を方程式に代入すると,
$$\sum_{n=0}^{\infty}\{(n+2)(n+1)c_{n+2} + nc_n - 2c_n\}x^n = 0$$
となるから,
$$c_{n+2} = -\frac{n-2}{(n+2)(n+1)}c_n \quad (n \geqq 0)$$
でなければならない。これより, c_0, c_1 を任意定数として,
$$c_2 = c_0, \quad c_3 = \frac{c_1}{3!}, \quad c_{2m} = 0, \quad c_{m+1} = \frac{(-1)^{m-1}(2m-3)!!}{(2m+1)} \ (m \geqq 2)$$
を得る。ゆえに,
$$y(x) = c_0(1+x^2) + c_1\left\{x + \frac{x^3}{3!} + \sum_{m=2}^{\infty}\frac{(-1)^{m-1}(2m-3)!!}{(2m+1)!}x^{2m+1}\right\}$$
を得る。

問 4.5 $A_1(x) = -\frac{1}{2}, A_2(x) = \frac{1}{2} - \frac{x^2}{2}$ より, $d_0 = -\frac{1}{2}, e_0 = \frac{1}{2}, e_2 = -\frac{1}{2}$ である。決定方程式 $2\lambda(\lambda-1) - \lambda + 1 = 0$ より, $\lambda = \frac{1}{2}, 1$ を得る。
(i) $\lambda = \frac{1}{2}$ のとき, (4.10) より, $c_1 = 0$ を得る。また, $n \geqq 2$ に対しては

4. 変数係数の2階線形微分方程式

$$\left\{\left(\frac{1}{2}+n\right)\left(\frac{1}{2}+n-1\right)-\frac{1}{2}\left(\frac{1}{2}+n\right)+\frac{1}{2}\right\}c_n = \frac{1}{2}c_{n-2}$$

より, $c_{2m-1} = 0 \ (m \geq 0)$,

$$c_{2m} = \frac{c_{2m-2}}{2m(4m-1)} \qquad (m = 1, 2, \cdots)$$

を得る。これより c_0 を任意定数として

$$y_1(x) = c_0 x^{\frac{1}{2}}\left(1 + \frac{1}{6}x^2 + \frac{1}{168}x^4 + \frac{1}{11088}x^6 + \cdots\right)$$

となる。
(ii) $\lambda = 1$ のとき, (4.10) より, $c_1 = 0$ を得る。また, $n \geq 2$ に対しては

$$\left\{(1+n)(1+n-1) - \frac{1}{2}(1+n) + \frac{1}{2}\right\}c_n = \frac{1}{2}c_{n-2}$$

となるので, $c_{2m-1} = 0 \ (m \geq 0)$,

$$c_{2m} = \frac{c_{2m-2}}{2m(4m+1)} \qquad (m = 1, 2, \cdots)$$

を得る。これより c_0 を任意定数として

$$y_2(x) = c_0 x\left(1 + \frac{x^2}{10} + \frac{x^4}{360} + \frac{x^6}{28080} + \cdots\right)$$

となる。
(i), (ii) の c_0 は同じ値である必要はない, それらを改めて c_1, c_2 と書いて, 解は,
$y(x) = c_1 x^{\frac{1}{2}}\left(1 + \frac{x^2}{6} + \frac{x^4}{168} + \cdots\right) + c_2 x\left(1 + \frac{x^2}{10} + \frac{x^4}{360} + \cdots\right)$ となる。

章末問題 4

1 c_1, c_2 は定数とする。
(1) $y(x) = x^{-1}(c_1 + c_2 e^{-x})$, (2) $y(x) = c_1 x + c_2(x^2 + 1)$,
(3) $y(x) = c_1 x + c_2 x^{-2}$, (4) $y(x) = c_1 e^x + c_2 x^2$.

2 c_1, c_2 は定数とする。
(1) $y(x) = c_1 e^x + c_2(x^2 + 2x + 2) + e^x\left(\frac{x^3}{3} - 2\right)$,
(2) $y(x) = c_1 e^{-x} + c_2 x^2 e^{-x} + (x^2 - 2x + 2)$,
(3) $y(x) = c_1 x + c_2 x^{-2} + x \sin x$,
(4) $y(x) = c_1 e^x + c_2 x^2 + x^3 + x^2 + 2x + 2$.

3 c_1, c_2 は定数とする。

(1) $y(x) = c_1(1 - 2x^2) + c_2 \left\{ x - \dfrac{x^3}{2} - \displaystyle\sum_{m=2}^{\infty} \dfrac{(2m-3)!!}{(2m)!!} x^{2m+1} \right\}$,

(2) $y(x) = c_1 \displaystyle\sum_{n=0}^{\infty} \dfrac{(-1)^n}{(2n)!} x^n + c_2 x^{\frac{1}{2}} \sum_{n=0}^{\infty} \dfrac{(-1)^n}{(2n+1)!} x^n$.
特に, $x \geqq 0$ であれば, 解は $y(x) = c_1 \cos\sqrt{x} + c_2 \sin\sqrt{x}$ である。

5. 定数係数の線形微分方程式

問 5.1 部分積分により

$$e^{-a_1 x} \int e^{a_1 x} x \, dx = e^{-a_1 x} \left(\dfrac{e^{a_1 x} x}{a_1} - \int \dfrac{e^{a_1 x}}{a_1} dx \right) = \dfrac{x}{a_1} - \dfrac{1}{a_1^2} + c e^{-a_1 x}$$

となる。これは $\displaystyle\int x\, dx = \dfrac{1}{2}x^2 + c$ とは異なる。

問 5.2 (1) 特性多項式は $\lambda^3 - 2\lambda^2 - 5\lambda + 6 = (\lambda-1)(\lambda+2)(\lambda-3)$ と因数分解されるので, 一般解は $c_1 e^x + c_2 e^{-2x} + c_3 e^{3x}$ である。

(2) 特性多項式は $\lambda^3 - 3\lambda^2 + 9\lambda + 13 = (\lambda+1)(\lambda-2-3i)(\lambda-2+3i)$ と因数分解されるので, 一般解は $c_1 e^{-x} + e^{2x}(c_2 \cos 3x + c_3 \sin 3x)$ である。

(3) 特性多項式は $\lambda^3 - 3\lambda^2 + 4 = (\lambda+1)(\lambda-2)^2$ と因数分解されるので, 一般解は $c_1 e^{-x} + c_2 e^{2x} + c_3 x e^{2x}$ である。

(4) 特性多項式は $\lambda^3 - 6\lambda^2 + 12\lambda - 8 = (\lambda-2)^3$ と因数分解されるので, 一般解は $c_1 e^{2x} x + c_2 x e^{2x} + c_3 x^2 e^{2x}$ である。

(5) 特性多項式は $\lambda^4 + 5\lambda^2 + 6 = (\lambda-\sqrt{2}i)(\lambda+\sqrt{2}i)(\lambda-\sqrt{3}i)(\lambda+\sqrt{3}i)$ と因数分解されるので, 一般解は $c_1 \cos\sqrt{2}x + c_2 \sin\sqrt{2}x + c_3 \cos\sqrt{3}x + c_4 \sin\sqrt{3}x$ である。

問 5.3
$$(D-\lambda)^{-1} x = \begin{cases} -\dfrac{x}{\lambda} - \dfrac{1}{\lambda^2} + c e^{\lambda x} & (\lambda \neq 0 \text{ のとき}), \\ \dfrac{1}{2} x^2 + c & (\lambda = 0 \text{ のとき}). \end{cases}$$

問 5.4 (1) 特性多項式は $\lambda^2 - 4\lambda + 4 = (\lambda-2)^2$ ($\lambda=0$ は根ではない) であり, 方程式の右辺は 2 次式であるので, 一般解は

$$y(x) = c_1 e^{2x} + c_2 x e^{2x} + K_2 x^2 + K_1 x + K_0$$

の形になる。特殊解 $\bar{y}(x) = K_2 x^2 + K_1 x + K_0$ とすると,

$$\bar{y}'(x) = 2K_2 x + K_1, \quad \bar{y}''(x) = 2K_2$$

であり, これを方程式に代入して,

$$2K_2 - 4(2K_2 x + K_1) + 4(K_2 x^2 + K_1 x + K_0) = 4x^2$$

5. 定数係数の線形微分方程式

となる。係数を比較して、$4K_2 = 4, -8K_2 + 4K_1 = 0, 2K_2 - 4K_1 + 4K_0 = 0$ となる。これらを解いて $K_2 = 1, K_1 = 2, K_0 = \frac{3}{2}$ となる。ゆえに、一般解は，

$$y(x) = c_1 e^{2x} + c_2 x e^{2x} + x^2 + 2x + \frac{3}{2}$$

である。

(2) 特性多項式は $\lambda^2 + \lambda = \lambda(\lambda + 1)$ （$\lambda = 0$ は根である）であり，方程式の右辺は 1 次式であるので，一般解は

$$y(x) = c_1 + c_2 e^{-x} + K_1 x^2 + K_0 x$$

の形になる。特殊解 $\bar{y}(x) = K_1 x^2 + K_0 x$ とすると，

$$\bar{y}'(x) = 2K_1 x + K_0, \quad \bar{y}''(x) = 2K_1$$

であり，これを方程式に代入して，

$$2K_1 + (2K_1 x + K_0) = x + 2$$

となる。係数を比較して，$2K_1 = 1, 2K_1 + K_0 = 2$ となる。これらを解いて $K_1 = \frac{1}{2}, K_0 = 1$ となる。ゆえに，一般解は，

$$y(x) = c_1 + c_2 e^{-x} + \frac{1}{2} x^2 + x$$

である。

(3) 特性多項式は $\lambda^3 + 7\lambda^2 + 15\lambda + 9 = (\lambda + 3)^2(\lambda + 1)$ （$\lambda = 0$ は根ではない）であり，方程式の右辺は 3 次式であるので，一般解は

$$y(x) = c_1 e^{-x} + c_2 e^{-3x} + c_3 x e^{-3x} + K_3 x^3 + K_2 x^2 + K_1 x + K_0$$

の形になる。特殊解 $\bar{y}(x) = K_3 x^3 + K_2 x^2 + K_1 x + K_0$ とすると，

$$\bar{y}'(x) = 3K_3 x^2 + 2K_2 x + K_1, \quad \bar{y}''(x) = 6K_3 x + 2K_2, \bar{y}'''(x) = 6K_3$$

であり，これを方程式に代入して，

$$6K_3 + 7(6K_3 x + 2K_2) + 15(3K_3 x^2 + 2K_2 x + K_1)$$
$$+ 9(K_3 x^3 + K_2 x^2 + K_1 x + K_0)$$
$$= 9x^3 + 27x^2 - 18x - 22$$

となる。係数を比較して，$9K_3 = 9, 45K_3 + 9K_2 = 27, 42K_3 + 30K_2 + 9K_1 = -18, 6K_3 + 14K_2 + 15K_1 + 9K_0 = -22$ となる。これらを解いて $K_3 = 1, K_2 = -2, K_1 = 0, K_0 = 0$ となる。ゆえに，一般解は，

$$y(x) = c_1 e^{-x} + c_2 e^{-3x} + c_3 x e^{-3x} + x^3 - 2x^2$$

である。

(4) 特性多項式は $\lambda^3 + \lambda^2 - 6\lambda = \lambda(\lambda - 2)(\lambda + 3)$（$\lambda = 0$ は根である）であり，方程式の右辺は 1 次式であるので，一般解は

$$y(x) = c_1 + c_2 e^{2x} + c_3 e^{-3x} + K_1 x^2 + K_0 x$$

の形になる。特殊解 $\bar{y}(x) = K_1 x^2 + K_0 x$ とすると，

$$\bar{y}'(x) = 2K_1 x + K_0, \quad \bar{y}''(x) = 2K_1, \bar{y}'''(x) = 0$$

であり，これを方程式に代入して，
$$0 + 2K_1 - 6(2K_1 x + K_0) = -12x + 5$$
となる．係数を比較して，$-12K_1 = -12, 2K_1 - 6K_0 = 5$ となる．これらを解いて $K_1 = 1, K_0 = -\frac{1}{2}$ となる．ゆえに，一般解は，
$$y(x) = c_1 + c_2 e^{2x} + c_3 e^{-3x} + x^2 - \frac{1}{2}x$$
である．

(5) 特性多項式は $\lambda^4 + 2\lambda^3 + 5\lambda^2 = \lambda^2(\lambda + 1 + 2i)(\lambda + 1 - 2i)$ ($\lambda = 0$ は重根である) であり，方程式の右辺は 2 次式であるので，一般解は
$$y(x) = c_1 + c_2 x + e^{-x}(c_3 \cos 2x + c_4 \sin 2x) + K_2 x^4 + K_1 x^3 + K_0 x^2$$
の形になる．特殊解 $\bar{y}(x) = K_2 x^4 + K_1 x^3 + K_0 x^2$ とすると，
$$\bar{y}'(x) = 4K_2 x^3 + 3K_1 x^2 + 2K_0 x,$$
$$\bar{y}''(x) = 12K_2 x^2 + 6K_1 x + 2K_0,$$
$$\bar{y}'''(x) = 24K_2 x + 6K_1,$$
$$\bar{y}^{(4)}(x) = 24K_2$$
であり，これを方程式に代入して，
$$24K_2 + 2(24K_2 x + 6K_1) + 5(12K_2 x^2 + 6K_1 x + 2K_0) = 15x^2$$
となる．係数を比較して，
$$60K_2 = 15, 48K_2 + 30K_1 = 0, 24K_2 + 12K_1 + 10K_0 = 0$$
となる．これらを解いて $K_2 = \frac{1}{4}, K_1 = -\frac{2}{5}, K_0 = -\frac{3}{25}$ となる．ゆえに，一般解は，
$$y(x) = c_1 + c_2 x + e^{-x}(c_3 \cos 2x + c_4 \sin 2x) + \frac{1}{4}x^4 - \frac{2}{5}x^3 - \frac{3}{25}x^2$$
である．

問 5.5 (1) 特性多項式は $P(\lambda) = \lambda^3 - 5\lambda^2 + 19\lambda + 25 = (\lambda + 1)(\lambda - 3 - 4i)(\lambda - 3 + 4i)$ である．$P(2) = 51 \neq 0$ あるので，一般解は
$$y(x) = c_1 e^{-x} + e^{3x}(c_2 \cos 4x + c_3 \sin 4x) + \frac{1}{51}e^{2x}$$
である．

(2) 特性多項式は $P(\lambda) = \lambda^3 + 5\lambda^2 + 19\lambda - 25 = (\lambda - 1)(\lambda + 3 - 4i)(\lambda + 3 + 4i)$ である．$P(1) = 0$ である．$\tilde{P}(\lambda) = (\lambda - 3 - 4i)(\lambda - 3 + 4i) = \lambda^2 + 6\lambda + 25$ とすると，$P(\lambda) = \tilde{P}(\lambda)(\lambda - 1), \tilde{P}(1) = 32 \neq 0$ であるので，一般解は，
$$y(x) = c_1 e^x + e^{-3x}(c_2 \cos 4x + c_3 \sin 4x) + \frac{xe^x}{32}$$
である．

(3) 特性多項式は $P(\lambda) = \lambda^3 - 4\lambda^2 - 3\lambda + 18 = (\lambda + 2)(\lambda - 3)^2$ である．

5. 定数係数の線形微分方程式

$P(2) = 4 \neq 0$ であるので，一般解は

$$y(x) = c_1 e^{-2x} + c_2 e^{3x} + c_3 x e^{3x} + \frac{1}{4} e^{2x}$$

である．

(4) 特性多項式は $P(\lambda) = \lambda^3 + 8\lambda^2 + 21\lambda + 18 = (\lambda+2)(\lambda+3)^2$ である．$P(-3) = 0$ である．$\tilde{P}(\lambda) = \lambda + 2$ とすると，$P(\lambda) = \tilde{P}(\lambda)(\lambda+3)^2$, $\tilde{P}(-3) = -1 \neq 0$ であるので，一般解は，

$$y(x) = c_1 e^{-2x} + c_2 e^{-3x} + c_3 x e^{-3x} + \frac{x^2 e^{-3x}}{-1 \cdot 2!}$$
$$= c_1 e^{-2x} + c_2 e^{-3x} + c_3 x e^{-3x} - \frac{x^2 e^{-3x}}{2}$$

である．

(5) 特性多項式は $P(\lambda) = \lambda^4 + 2\lambda^3 - 3\lambda^2 - 4\lambda + 4 = (\lambda-1)^2(\lambda+2)^2$ である．$P(-2) = 0$ である．$\tilde{P}_1(\lambda) = (\lambda-1)^2$ とすると，$P(\lambda) = \tilde{P}_1(\lambda)(\lambda+2)^2$, $\tilde{P}_1(-2) = 9 \neq 0$ であるので，一般解は，

$$y(x) = c_1 e^x + c_2 x e^x + c_3 e^{-2x} + c_4 x e^{-2x} + \frac{x^2 e^{-2x}}{\tilde{P}_1(-2) \cdot 2!}$$
$$= c_1 e^x + c_2 x e^x + c_3 e^{-2x} + c_4 x e^{-2x} + \frac{x^2 e^{-2x}}{18}$$

である．

問 **5.6** (1) 特性多項式は $\lambda^2 + 2\lambda + 1 = (\lambda+1)^2$ であるので，一般解は，

$$y(x) = c_1 e^{-x} + c_2 x e^{-x} + K \cos 2x + L \sin 2x$$

の形である．特殊解についてその微分を取り

$$\bar{y}(x) = K \cos 2x + L \sin 2x,$$
$$\bar{y}'(x) = -2K \sin 2x + 2L \cos 2x,$$
$$\bar{y}''(x) = -4K \cos 2x - 4L \sin 2x$$

を方程式に代入して，

$$(-4K + 4L + K) \cos 2x + (-4L - 4K + L) \sin 2x = \sin 2x$$

となる．$-4K + 4L + K = 0$, $-4L - 4K + L = 1$ を解いて，

$$K = -\frac{4}{25}, \quad L = -\frac{3}{25}$$

となる．ゆえに，一般解は，

$$y(x) = c_1 e^{-x} + c_2 x e^{-x} - \frac{4}{25} \cos 2x - \frac{3}{25} \sin 2x$$

となる．

(2) 特性多項式は $\lambda^2 - 2\lambda + 5 = (\lambda - 1 - 2i)(\lambda - 1 + 2i)$ であるので，一般解は，

$$y(x) = e^x(c_1 \cos 2x + c_2 \sin 2x) + K \cos 2x + L \sin 2x$$

の形である．特殊解についてその微分を取り

$$\bar{y}(x) = K \cos 2x + L \sin 2x,$$
$$\bar{y}'(x) = -2K \sin 2x + 2L \cos 2x,$$
$$\bar{y}''(x) = -4K \cos 2x - 4L \sin 2x$$

を方程式に代入して，

$$(-4K - 4L + 5K) \cos 2x + (-4L + 4K + 5L) \sin 2x = \sin 2x$$

となる．$-4K - 4L + 5K = 1, -4L + 4K + 5L = 0$ を解いて，

$$K = \frac{1}{17}, \quad L = -\frac{4}{17}$$

となる．ゆえに，一般解は，

$$y(x) = e^x(c_1 \cos 2x + c_2 \sin 2x) + \frac{1}{17} \cos 2x - \frac{4}{17} \sin 2x$$

となる．

(3) 特性多項式は $\lambda^3 + 2\lambda^2 - \lambda - 2 = (\lambda - 1)(\lambda + 1)(\lambda + 2)$ であるので，一般解は，

$$y(x) = c_1 e^x + c_2 e^{-x} + c_3 e^{-2x} + K \cos \frac{1}{2} x + L \sin \frac{1}{2} x$$

の形である．特殊解についてその微分を取り

$$\bar{y}(x) = K \cos \frac{1}{2} x + L \sin \frac{1}{2} x,$$
$$\bar{y}'(x) = -\frac{1}{2} K \sin \frac{1}{2} x + \frac{1}{2} L \cos \frac{1}{2} x,$$
$$\bar{y}''(x) = -\frac{1}{4} K \cos \frac{1}{2} x - \frac{1}{4} L \sin \frac{1}{2} x,$$
$$\bar{y}'''(x) = \frac{1}{8} K \sin \frac{1}{2} x - \frac{1}{8} L \cos \frac{1}{2} x$$

を方程式に代入して，

$$\left(-\frac{1}{8} L - \frac{1}{2} K - \frac{1}{2} L - 2K\right) \cos \frac{1}{2} x + \left(\frac{1}{8} K - \frac{1}{2} L + \frac{1}{2} K - 2L\right) \sin \frac{1}{2} x$$
$$= 17 \cos \frac{1}{2} x$$

となる．$-\frac{1}{8} L - \frac{1}{2} K - \frac{1}{2} L - 2K = 17, \frac{1}{8} K - \frac{1}{2} L + \frac{1}{2} K - 2L = 0$ を解いて，

$$K = -\frac{32}{5}, \quad L = -\frac{8}{5}$$

となる．ゆえに，一般解は，

$$y(x) = c_1 e^x + c_2 e^{-x} + c_3 e^{-2x} - \frac{32}{5} \cos \frac{1}{2} x - \frac{8}{5} \sin \frac{1}{2} x$$

5. 定数係数の線形微分方程式

となる。

(4) 特性多項式は $P(\lambda) = \lambda^3 + 3\lambda^2 + \lambda + 3 = (\lambda - i)(\lambda + i)(\lambda + 3)$ であるので，$P(\pm i) = 0$ である。一般解は，
$$y(x) = c_1 e^{-3x} + c_2 \cos x + c_3 \sin x + x(K \cos x + L \sin x)$$
の形である。特殊解についてその微分を取り
$$\bar{y}(x) = x(K \cos x + L \sin x),$$
$$\bar{y}'(x) = K \cos x + L \sin x + x(-K \sin x + L \cos x),$$
$$\bar{y}''(x) = 2(-K \sin x + L \cos x) + x(-K \cos x - L \sin x),$$
$$\bar{y}'''(x) = 3(-K \cos x - L \sin x) + x(K \sin x - L \cos x)$$
を方程式に代入して，
$$(-3K + 6L + K)\cos x + (-3L - 6K + L)\sin x = \sin x$$
となる。$-3K + 6L + K = 0, -3L - 6K + L = 1$ を解いて，
$$K = -\frac{3}{20}, \quad L = -\frac{1}{20}$$
となる。ゆえに，一般解は，
$$y(x) = c_1 e^{-3x} + c_2 \cos x + c_3 \sin x - \frac{x}{20}(3\cos x + \sin x)$$
となる。

(5) 特性多項式は $P(\lambda) = \lambda^4 + 13\lambda^2 + 36 = (\lambda - 2i)(\lambda + 2i)(\lambda - 3i)(\lambda + 3i)$ であるので，$P(\pm 2i) = 0$ および $P(\pm 3i) = 0$ である。一般解は，
$$y(x) = c_1 \cos 2x + c_2 \sin 2x + c_3 \cos 3x + c_4 \sin 3x + x(K \cos 2x + L \sin 2x)$$
の形である。特殊解 $\bar{y}(x) = x(K \cos 2x + L \sin 2x)$ とその微分
$$\bar{y}'(x) = K \cos 2x + L \sin 2x + 2x(-K \sin 2x + L \cos 2x),$$
$$\bar{y}''(x) = 4(-K \sin 2x + L \cos 2x) + 4x(-K \cos 2x - L \sin 2x),$$
$$\bar{y}'''(x) = 12(-K \cos 2x - L \sin 2x) + 8x(K \sin 2x - L \cos 2x),$$
$$\bar{y}^{(4)}(x) = 32(K \sin 2x - L \cos 2x) + 16x(K \cos 2x + L \sin 2x)$$
を方程式に代入して，
$$20L \cos 2x - 20K \sin 2x = 5 \sin 2x$$
となる。したがって，
$$K = -\frac{1}{4}, \quad L = 0$$
となる。ゆえに，一般解は，
$$y(x) = c_1 \cos 2x + c_2 \sin 2x + c_3 \cos 3x + c_4 \sin 3x - \frac{1}{4} x \cos 2x$$

問 **5.7** (1) 特性多項式は $\lambda^2 - 16 = (\lambda - 4)(\lambda + 4)$ と因数分解されるので，一般解は $y(x) = c_1 e^{4x} + c_2 e^{-4x}$ である．

(2) 特性多項式は $\lambda^2 - \lambda - 2 = (\lambda - 2)(\lambda + 1)$ と因数分解されるので，一般解は $y(x) = c_1 e^{2x} + c_2 e^{-x}$ である．

(3) 特性多項式は $\lambda^2 + 8 = (\lambda - 2\sqrt{2}i)(\lambda + 2\sqrt{2}i)$ と因数分解されるので，一般解は $y(x) = c_1 \cos 2\sqrt{2}x + c_2 \sin 2\sqrt{2}x$ である．

(4) $y''(x) + 4y'(x) + 5y(x) = 0$ 特性多項式は $\lambda^2 + 4\lambda + 5 = (\lambda + 2 - i)(\lambda + 2 + i)$ と因数分解されるので，一般解は $y(x) = e^{-2x}(c_1 \cos x + c_2 \sin x)$ である．

(5) 特性多項式は $\lambda^2 + 6\lambda + 9 = (\lambda + 3)^2$ と因数分解されるので，一般解は $y(x) = c_1 e^{-3x} + c_2 x e^{-3x} = (c_1 + c_2 x) e^{-3x}$ である．

問 **5.8** (1) 特性多項式は $\lambda^2 - 9 = (\lambda - 3)(\lambda + 3)$ と因数分解されるので，一般解は $y(x) = c_1 e^{-3x} + c_2 e^{3x}$ である．微分すると $y'(x) = -3c_1 e^{-3x} + 3c_2 e^{3x}$ である．初期値より，$c_1 + c_2 = 4, -3c_1 + 3c_2 = 0$ であり，これを解いて $c_1 = c_2 = 2$ を得る．したがって初期値問題の解は $y(x) = 2e^{-3x} + 2e^{3x}$ である．

(2) 特性多項式は $\lambda^2 + 4\lambda + 3 = (\lambda + 1)(\lambda + 3)$ と因数分解されるので，一般解は $y(x) = c_1 e^{-x} + c_2 e^{-3x}$ である．微分すると $y'(x) = -c_1 e^{-x} - 3c_2 e^{-3x}$ である．初期値より，$c_1 + c_2 = 5, -c_1 - 3c_2 = -9$ であり，これを解いて $c_1 = 3, c_2 = 2$ を得る．したがって初期値問題の解は $y(x) = 3e^{-x} + 2e^{-3x}$ である．

(3) 特性多項式は $\lambda^2 + 2\lambda + 1 = (\lambda + 1)^2$ と因数分解されるので，一般解は $y(x) = c_1 e^{-x} + c_2 x e^{-x} = (c_1 + c_2 x) e^{-x}$ である．微分すると $y'(x) = -c_1 e^{-x} + c_2 e^{-x} - c_2 x e^{-x}$ である．初期値より，$c_1 = 3, -c_1 + c_2 = -4$ であり，これを解いて $c_1 = 3, c_2 = -1$ を得る．したがって初期値問題の解は $y(x) = (3 - x)e^{-x}$ である．

(4) 特性多項式は $\lambda^2 + 4 = (\lambda - 2i)(\lambda + 2i)$ と因数分解されるので，一般解は $y(x) = c_1 \cos 2x + c_2 \sin 2x$ である．微分すると $y'(x) = -2c_1 \sin 2x + 2c_2 \cos 2x$ である．初期値より，$c_2 = 2, -2c_1 = 10$ であり，これを解いて $c_1 = -5, c_2 = 2$ を得る．したがって初期値問題の解は $y(x) = -5 \cos 2x + 2 \sin 2x$ である．

(5) 特性多項式は $\lambda^2 - 6\lambda + 13 = (\lambda - 3 - 2i)(\lambda - 3 + 2i)$ と因数分解されるので，一般解は $y(x) = e^{3x}(c_1 \cos 2x + c_2 \sin 2x)$ である．微分すると $y'(x) = 3e^{3x}(c_1 \cos 2x + c_2 \sin 2x) + 2e^{3x}(-c_1 \sin 2x + c_2 \cos 2x)$ である．初期値より，$c_1 = 3, 3c_1 + 2c_2 = -1$ であり，これを解いて $c_1 = 3, c_2 = -5$ を得る．したがって初期値問題の解は $y(x) = e^{3x}(3 \cos 2x - 5 \sin 2x)$ である．

問 **5.9** (1) 特性多項式は $P(\lambda) = \lambda^2 - \lambda - 2 = (\lambda - 2)(\lambda + 1)$ と因数分解され，$P(0) \neq 0$ であるので，一般解は $y(x) = c_1 e^{2x} + c_2 e^{-x} + K_1 x + K_0$ の形である．特殊解 $\bar{y}(x) = K_1 x + K_0$ とその微分 $\bar{y}'(x) = K_1, \bar{y}''(x) = 0$ を方程式に代入すると $-2K_1 x + (-2K_0 - K_1) = 4x$ となる．$-2K_1 = 4, -2K_0 - K_1 = 0$ を解いて，$K_1 = -2, K_0 = 1$ である．ゆえに一般解は，
$$y(x) = c_1 e^{2x} + c_2 e^{-x} - 2x + 1$$

5. 定数係数の線形微分方程式

である。

(2) 特性多項式は $P(\lambda) = \lambda^2 + \lambda = \lambda(\lambda+1)$ と因数分解され，$P(0) = 0$ であるので，一般解は

$$y(x) = c_1 + c_2 e^{-x} + K_2 x^3 + K_1 x^2 + K_0 x$$

の形である。特殊解 $\bar{y}(x) = K_2 x^3 + K_1 x^2 + K_0 x$ とその微分

$$\bar{y}'(x) = 3K_2 x^2 + 2K_1 x + K_0,$$
$$\bar{y}''(x) = 6K_2 x + 2K_1$$

を方程式に代入すると

$$3K_2 x^2 + (6K_2 + 2K_1)x + 2K_1 + K_0 = -3x^2 + 4x - 5$$

となる。$3K_2 = -3, 6K_2 + 2K_1 = 4, 2K_1 + K_0 = -5$ を解いて，$K_2 = -1, K_1 = 5, K_0 = -15$ である。ゆえに一般解は，

$$y(x) = c_1 + c_2 e^{-x} - x^3 + 5x^2 - 15x$$

である。

(3) 特性多項式は $P(\lambda) = \lambda^2 + 2 = (\lambda - \sqrt{2}i)(\lambda + \sqrt{2}i)$ と因数分解され，$P(3) = 11$ であるので，一般解は

$$y(x) = c_1 \cos\sqrt{2}x + c_2 \sin\sqrt{2}x + \frac{4}{P(3)} e^{3x}$$
$$= c_1 \cos\sqrt{2}x + c_2 \sin\sqrt{2}x + \frac{4}{11} e^{3x}$$

である。

(4) 特性多項式は $P(\lambda) = \lambda^2 - 5 = (\lambda - \sqrt{5})(\lambda + \sqrt{5})$ と因数分解され，$P(\sqrt{5}) = 0, P'(\sqrt{5}) = 2\sqrt{5}$ であるので，一般解は

$$y(x) = c_1 e^{\sqrt{5}x} + c_2 e^{\sqrt{5}x} + \frac{10}{P'(\sqrt{5})} x e^{\sqrt{5}x} = c_1 e^{\sqrt{5}x} + c_2 e^{\sqrt{5}x} + \sqrt{5} x e^{\sqrt{5}x}$$

である。

(5) 特性多項式は $P(\lambda) = \lambda^2 - 2\lambda + 1 = (\lambda - 1)^2$ と因数分解され，$P(-1) = 4 \neq 0$ であるので，一般解は

$$y(x) = c_1 e^x + c_2 x e^x + \frac{3}{P(-1)} e^{-x} = (c_1 + c_2 x) e^x + \frac{3}{4} e^{-x}$$

である。

(6) 特性多項式は $P(\lambda) = \lambda^2 + 4\lambda + 4 = (\lambda + 2)^2$ と因数分解され，$P(-2) = 0, P'(-2) = 0$ であるので，一般解は

$$y(x) = c_1 e^{-2x} + c_2 x e^{-2x} + \frac{-4}{2} x^2 e^{-2x} = (c_1 + c_2 x - 2x^2) e^{-2x}$$

である。

(7) 特性多項式は $P(\lambda) = \lambda^2 + 4\lambda + 5 = (\lambda + 2 - i)(\lambda + 2 + i)$ と因数分解され，

$P(-2) = 1 \neq 0$ であるので，一般解は
$$y(x) = e^{-2x}(c_1 \cos x + c_2 \sin x) + \frac{2}{P(-2)}e^{-2x} = e^{-2x}(c_1 \cos x + c_2 \sin x + 2)$$
である．

(8) 特性多項式は $P(\lambda) = \lambda^2 - \lambda - 2 = (\lambda - 2)(\lambda + 1)$ と因数分解され，$P(\pm i) \neq 0$ であるので，一般解は $y(x) = c_1 e^{2x} + c_2 e^{-x} + K \cos x + L \sin x$ の形である．特殊解 $\bar{y}(x) = K \cos x + L \sin x$ とその微分
$$\bar{y}'(x) = -K \sin x + L \cos x, \quad \bar{y}''(x) = -K \cos x - L \sin x = -\bar{y}(x)$$
を方程式に代入すると $(-K - L - 2K) \cos x + (-L + K - 2L) \sin x = 4 \sin x$ となる．$-3K - L = 0, K - 3L = 4$ を解いて，$K = \frac{2}{5}, L = -\frac{6}{5}$ である．ゆえに一般解は，
$$y(x) = c_1 e^{2x} + c_2 e^{-x} + \frac{2}{5} \cos x - \frac{6}{5} \sin x$$
である．

(9) 特性多項式は $P(\lambda) = \lambda^2 + 1 = (\lambda - i)(\lambda + i)$ と因数分解され，$P(\pm i) = 0$ であるので，一般解は $y(x) = c_1 \cos x + c_2 \sin x + Kx \cos x + Lx \sin x$ の形である．特殊解 $\bar{y}(x) = Kx \cos x + Lx \sin x$ とその微分
$$\bar{y}'(x) = K \cos x - Kx \sin x + L \sin x + Lx \cos x,$$
$$\bar{y}''(x) = -2K \sin x - Kx \cos x + 2L \cos x - Lx \sin x$$
を方程式に代入すると $-2K \sin x + 2L \cos x = 6 \cos x$ となる．係数を比較して，$K = 0, L = 3$ である．ゆえに一般解は，
$$y(x) = c_1 \cos x + c_2 \sin x + 3x \sin x = c_1 \cos x + (c_2 + 3x) \sin x$$
である．

(10) 特性多項式は $P(\lambda) = \lambda^2 - 2\lambda + 5 = (\lambda - 1 + 2i)(\lambda - 1 - 2i)$ と因数分解され，$P(\pm 2i) \neq 0$ であるので，一般解は $y(x) = e^x(c_1 \cos 2x + c_2 \sin 2x) + K \cos 2x + L \sin 2x$ の形である．特殊解 $\bar{y}(x) = K \cos 2x + L \sin 2x$ とその微分
$$\bar{y}'(x) = -2K \sin 2x + 2L \cos 2x,$$
$$\bar{y}''(x) = 4K \sin 2x - 4L \cos 2x = -4\bar{y}(x)$$
を方程式に代入すると $(-4K - 4L + 5K) \cos 2x + (-4L + 4K + 5L) \sin 2x = 5 \sin 2x$ となる．$K - 4L = 0, 4K + L = 5$ を解いて，$K = \frac{20}{17}, L = \frac{5}{17}$ である．ゆえに一般解は，
$$y(x) = e^x(c_1 \cos 2x + c_2 \sin 2x) + \frac{20}{17} \cos 2x + \frac{5}{17} \sin 2x$$
である．

問 **5.10** (1) 特性多項式は $P(\lambda) = \lambda^2 - \lambda - 2 = (\lambda - 2)(\lambda + 1)$ と因数分解され，

5. 定数係数の線形微分方程式

$P(0) = -2 \neq 0$ であるので, 一般解は $y(x) = c_1 e^{2x} + c_2 e^{-x} + K_1 x + K_0$ の形である. 特殊解 $\bar{y}(x) = K_1 x + K_0$ とその微分 $\bar{y}'(x) = K_1, \bar{y}''(x) = 0$ を方程式に代入すると $-2K_1 x - (K_1 + 2K_0) = x$ であるから, 係数を比較して, $K_1 = -\frac{1}{2}, K_0 = \frac{1}{4}$ である. ゆえに, 一般解は

$$y(x) = c_1 e^{2x} + c_2 e^{-x} - \frac{1}{2}x + \frac{1}{4}$$

であり, その微分は

$$y'(x) = 2c_1 e^{2x} - c_2 e^{-x} - \frac{1}{2}$$

である. 初期値より, $y(0) = c_1 + c_2 + \frac{1}{4} = 1, y'(0) = 2c_1 - c_2 - \frac{1}{2} = 0$ であるから, これらを解いて, $c_1 = \frac{5}{12}, c_2 = \frac{1}{3}$ である. よって, 初期値問題の解は

$$y(x) = \frac{5}{12} e^{2x} + \frac{1}{3} e^{-x} - \frac{1}{2}x + \frac{1}{4}$$

である.

(2) 特性多項式は $P(\lambda) = \lambda^2 - 2\lambda + 1 = (\lambda - 1)^2$ と因数分解され, $P(2) = 1 \neq 0$ であるので, 一般解は

$$y(x) = (c_1 + c_2 x)e^x + \frac{1}{P(2)} e^{2x} = (c_1 + c_2 x)e^x + e^{2x}$$

である. また, その微分は

$$y'(x) = (c_1 + c_2 + c_2 x)e^x + 2e^{2x}$$

である. 初期値より, $y(0) = c_1 + 1 = 4, y'(0) = c_1 + c_2 + 2 = 3$ であるから, これらを解いて, $c_1 = 3, c_2 = -2$ である. よって, 初期値問題の解は

$$y(x) = (3 - 2x)e^x + e^{2x}$$

である.

(3) 特性多項式は $P(\lambda) = \lambda^2 + 1 = (\lambda - i)(\lambda + i)$ と因数分解され, $P(\pm i) = 0$ であるので, 一般解は $y(x) = c_1 \cos x + c_2 \sin x + Kx \cos x + Lx \sin x$ の形である. 特殊解 $\bar{y}(x) = Kx \cos x + Lx \sin x$ とその微分

$$\bar{y}'(x) = K \cos x + L \sin x - Kx \sin x + Lx \cos x,$$
$$\bar{y}''(x) = -2K \sin x + 2L \cos x - Kx \cos x - Lx \sin x$$

を方程式に代入して, $-2K \sin x + 2L \cos x = 2 \sin x$ であるから, 係数を比較して $K = -1, L = 0$ であるので, 一般解は

$$y(x) = c_1 \cos x + c_2 \sin x - x \cos x$$

である. また, その微分は,

$$y'(x) = -c_1 \sin x + c_2 \cos x - \cos x + x \sin x$$

である。初期値より，$y(0) = c_1 = 5, y'(0) = c_2 - 1 = 4$ であるから，$c_1 = 5, c_2 = 5$ である。よって，初期値問題の解は

$$y(x) = (5 - x)\cos x + 5\sin x$$

である。

章末問題 5

1 (1) 題意より

$$\bar{y}_1^{(n)}(x) + a_1 \bar{y}_1^{(n-1)}(x) + \cdots + a_n \bar{y}_1(x) = b_1(x),$$
$$\bar{y}_2^{(n)}(x) + a_1 \bar{y}_2^{(n-1)}(x) + \cdots + a_n \bar{y}_2(x) = b_2(x)$$

である。$\bar{y} = A_1 \bar{y}_1 + A_2 \bar{y}_2$ であり，その微分は $\bar{y}^{(n)} = A_1 \bar{y}_1^{(n)} + A_2 \bar{y}_2^{(n)}$, $\bar{y}^{(n-1)} = A_1 \bar{y}_1^{(n-1)} + A_2 \bar{y}_2^{(n-1)}$, $\cdots$, $\bar{y}' = A_1 \bar{y}_1' + A_2 \bar{y}_2'$ となるので

$$\bar{y}^{(n)} + a_1 \bar{y}^{(n-1)} + \cdots + a_n \bar{y}$$
$$= A_1 \bar{y}_1^{(n)} + A_2 \bar{y}_2^{(n)} + a_1 (A_1 \bar{y}_1^{(n-1)} + A_2 \bar{y}_2^{(n-1)}) + \cdots + a_n (A_1 \bar{y}_1 + A_2 \bar{y}_2)$$
$$= A_1 (y_1^{(n)} + a_1 \bar{y}_1^{(n-1)} + \cdots + a_n \bar{y}_1) + A_2 (y_2^{(n)} + a_1 \bar{y}_2^{(n-1)} + \cdots + a_n \bar{y}_2)$$
$$= A_1 b_1 + A_2 b_2$$

となる。したがって，$\bar{y} = A_1 \bar{y}_1 + A_2 \bar{y}_2$ は非同次微分方程式

$$y^{(n)}(x) + a_1 y^{(n-1)}(x) + \cdots + a_n y(x) = A_1 b_1(x) + A_2 b_2(x)$$

の特殊解である。

(2) (a) 特性多項式は $P(\lambda) = \lambda^2 - 1 = (\lambda-1)(\lambda+1)$ であるので，$P(3) = 8 \neq 0$ および $P(\pm i) \neq 0$ である。一般解は，

$$y(x) = c_1 e^x + c_2 e^{-x} + \frac{2}{P(3)} e^{3x} + (L\cos x + M\sin x)$$
$$= c_1 e^x + c_2 e^{-x} + \frac{1}{4} e^{3x} + (L\cos x + M\sin x)$$

の形である。特殊解 $\bar{y}(x) = \frac{1}{4} e^{3x} + (L\cos x + M\sin x)$ についてその微分を取り，

$$\bar{y}'(x) = \frac{3}{4} e^{3x} + (M\cos x - L\sin x),$$
$$\bar{y}''(x) = \frac{9}{4} e^{3x} + (-L\cos x - M\sin x)$$

を方程式に代入し

$$\left(\frac{9}{4} - \frac{1}{4}\right) e^{3x} + (-L - L)\cos x + (-M - M)\sin x = 2 e^{3x} - 4\cos x$$

5. 定数係数の線形微分方程式　　　　　　　　　　　　　　　　　　　　　149

となる。$-2L = -4, -2M = 0$ を解いて，$L = 2, M = 0$ である。ゆえに，一般解は

$$y(x) = c_1 e^x + c_2 e^{-x} + \frac{1}{4} e^{3x} + 2 \cos x$$

となる。

(b) 特性多項式は $P(\lambda) = \lambda^2 + 5\lambda + 6 = (\lambda+2)(\lambda+3)$ であるので，$P(0) \neq 0$ および $P(\pm 2i) \neq 0$ である。一般解は，

$$y(x) = c_1 e^{-2x} x + c_2 e^{-3x} + K_2 x^2 + K_1 x + K_0 + (L \cos 2x + M \sin 2x)$$

の形である。特殊解

$$\bar{y}(x) = K_2 x^2 + K_1 x + K_0 + (L \cos 2x + M \sin 2x)$$

についてその微分を取り，

$$\bar{y}'(x) = 2K_2 x + K_1 + (2M \cos 2x - 2L \sin 2x),$$
$$\bar{y}''(x) = 2K_2 + (-4L \cos 2x - 4M \sin 2x)$$

を方程式に代入し

$$6K_2 x^2 + (10K_2 + 6K_1)x + (2K_2 + 5K_1 + 6K_0)$$
$$+ (-4L + 10M + 6L) \cos x + (-4M - 10L + 6M) \sin x$$
$$= 6x^2 + 1 + 4 \sin x$$

となる。$6K_2 = 6, 10K_2 + 6K_1 = 0, 2K_2 + 5K_1 + 6K_0 = -3$ より

$$K_2 = 1, K_1 = -\frac{5}{3}, K_0 = \frac{5}{9}$$

が得られる。また，

$$-4L + 10M + 6L = 2(L + 5M) = 4,$$
$$-4M - 10L + 6M = 2(-5L + M) = 0$$

より

$$L - \frac{1}{13}, M - \frac{5}{13}$$

である。ゆえに，一般解は

$$y(x) = c_1 e^{-2x} x + c_2 e^{-3x} + x^2 - \frac{5}{3}x + \frac{5}{9} + \frac{1}{13}(\cos 2x + 5 \sin 2x)$$

となる。

(c) 特性多項式は $P(\lambda) = \lambda^2 - 4\lambda + 4 = (\lambda - 2)^2$ である。$P(1) = 1 \neq 0$ および $P(2) = P'(2) = 0$ である。従って，一般解は

$$y(x) = c_1 e^{2x} + c_2 x e^{2x} + \frac{3}{P(1)} e^x + \frac{4}{2} x^2 e^{2x} = (c_1 + c_2 x + 2x^2) e^{2x} + 3e^x$$

である。

(d) 特性多項式は $P(\lambda) = \lambda^2 + 1 = (\lambda - i)(\lambda + i)$ である。$P(\pm 3i) \neq 0, P(\pm 2i) \neq 0$ であるから，一般解は

$$y(x) = c_1 \cos x + c_2 \sin x + K \cos 3x + L \sin 3x \\ + M \cos 2x + N \sin 2x$$

の形である。特殊解

$$\bar{y}(x) = K \cos 3x + L \sin 3x + M \cos 2x + N \sin 2x$$

とその微分

$$\bar{y}'(x) = -3K \sin 3x + 3L \cos 3x - 2M \sin 2x + 2N \cos 2x,$$
$$\bar{y}''(x) = -9K \cos 3x - 9L \sin 3x - 4M \cos 2x - 4N \sin 2x$$

を方程式に代入すると，

$$-8K \cos 3x - 8L \sin 3x - 3M \cos 2x - 3N \sin 2x = -4 \sin 3x + 6 \cos 2x$$

である。係数を比較して $K = 0, L = \frac{1}{2}, M = -2, N = 0$ となるので，一般解は

$$y(x) = c_1 \cos x + c_2 \sin x + \frac{1}{2} \sin 3x - 2 \cos 2x$$

である。

(e) 特性多項式は $\lambda^3 + 2\lambda^2 - \lambda - 2 = (\lambda - 1)(\lambda + 1)(\lambda + 2)$ であるので，一般解は，

$$y(x) = c_1 e^x + c_2 e^{-x} + c_3 e^{-2x} + K \cos x + L \sin x + M \cos 2x + N \sin 2x$$

の形である。特殊解についてその微分を取り

$$\bar{y}(x) = K \cos x + L \sin x + M \cos 2x + N \sin 2x,$$
$$\bar{y}'(x) = -K \sin x + L \cos x - 2M \sin 2x + 2N \cos 2x,$$
$$\bar{y}''(x) = -K \cos x - L \sin x - 4M \cos 2x - 4N \sin 2x,$$
$$\bar{y}'''(x) = K \sin x - L \cos x + 8M \sin 2x - 8N \cos 2x$$

を方程式に代入して，

$$(-L - 2K - L - 2K) \cos x + (K - 2L + K - 2L) \sin x \\ + (-8N - 8M - 2N - 2M) \cos 2x \\ + (8M - 8N + 2M - 2N) \sin 2x \\ = \sin x + \cos 2x$$

となる。$-L - 2K - L - 2K = 0, K - 2L + K - 2L = 1$ を解いて，

$$K = \frac{1}{10}, \quad L = -\frac{1}{5}$$

5. 定数係数の線形微分方程式

$-8N - 8M - 2N - 2M = 1,\ 8M - 8N + 2M - 2N = 0$ を解いて,
$$M = -\frac{1}{20}, \quad N = -\frac{1}{20}$$

となる。ゆえに、一般解は，
$$y(x) = c_1 e^x + c_2 e^{-x} + c_3 e^{-2x}$$
$$+ \frac{1}{10}\cos x - \frac{1}{5}\sin x - \frac{1}{20}\cos 2x - \frac{1}{20}\sin 2x$$

となる。

(f) 特性多項式は $P(\lambda) = \lambda^4 + 13\lambda^2 + 36 = (\lambda-2i)(\lambda+2i)(\lambda-3i)(\lambda+3i)$ であるので, $P(\pm 2i) = 0$ および $P(\pm 3i) = 0$ である。一般解は，
$$y(x) = c_1 \cos 2x + c_2 \sin 2x + c_3 \cos 3x + c_4 \sin 3x$$
$$+ x(K\cos 2x + L\sin 2x) + x(M\cos 3x + N\sin 3x)$$

の形である。特殊解についてその微分を取り
$$\bar{y}(x) = x(K\cos 2x + L\sin 2x) + x(M\cos 3x + N\sin 3x),$$
$$\bar{y}'(x) = K\cos 2x + L\sin 2x + 2x(-K\sin 2x + L\cos 2x)$$
$$+ M\cos 3x + N\sin 3x + 3x(-M\sin 3x + N\cos 3x),$$
$$\bar{y}''(x) = 4(-K\sin 2x + L\cos 2x) + 4x(-K\cos 2x - L\sin 2x)$$
$$+ 6(-M\sin 3x + N\cos 3x) + 9x(-M\cos 3x - N\sin 3x),$$
$$\bar{y}'''(x) = 12(-K\cos 2x - L\sin 2x) + 8x(K\sin 2x - L\cos 2x)$$
$$+ 27(-M\cos 3x - N\sin 3x) + 27x(M\sin 3x - N\cos 3x),$$
$$\bar{y}^{(4)}(x) = 32(K\sin 2x - L\cos 2x) + 16x(K\cos 2x + L\sin 2x)$$
$$+ 108(M\sin 3x - N\cos 3x) + 81x(M\cos 3x + N\sin 3x)$$

を方程式に代入して，
$$20L\cos 2x - 20K\sin 2x - 30N\cos 3x + 30M\sin 3x = \sin 2x + \cos 3x$$

となる。したがって，
$$K = -\frac{1}{20}, \quad L = 0, \quad M = 0, \quad N = -\frac{1}{30}$$

となる。ゆえに、一般解は，
$$y(x) = c_1 \cos 2x + c_2 \sin 2x + c_3 \cos 3x + c_4 \sin 3x$$
$$- \frac{1}{20} x \cos 2x - \frac{1}{30} x \sin 3x$$

となる。

(3) 特性多項式は $\lambda^2 + 2\lambda - 15 = (\lambda+5)(\lambda-3)$ と因数分解されるので，一般解は $y(x) = c_1 e^{-5x} + c_2 e^{3x} + K\cos 3x + L\sin 3x + Me^{4x}$ の形である。特殊解 $\bar{y}(x) = K\cos 3x + L\sin 3x + Me^{4x}$ とその微分

$$\bar{y}'(x) = -3K\sin 3x + 3L\cos 3x + 4Me^{4x},$$
$$\bar{y}''(x) = -9K\cos 3x - 9L\sin 3x + 16Me^{4x}$$

を方程式に代入して

$$(-24K+6L)\cos 3x + (-6K-24L)\sin 3x + 9Me^{4x} = 18\cos 3x + 27e^{4x}$$

であるから，係数を比較して $-24K + 6L = 18, -6K - 24L = 0, 9M = 27$ が得られ，これらを解いて $K = -\frac{12}{17}, L = \frac{3}{17}, M = 3$ である．したがって，一般解は

$$y(x) = c_1 e^{-5x} + c_2 e^{3x} - \frac{12}{17}\cos 3x + \frac{3}{17}\sin 3x + 3e^{4x}$$

である．この両辺を微分すると

$$y'(x) = -5c_1 e^{-5x} + 3c_2 e^{3x} + \frac{36}{17}\sin 3x + \frac{9}{17}\cos 3x + 12e^{4x}$$

である．初期値より，$y(0) = c_1 + c_2 - \frac{12}{17} + 3 = 6, y''(0) = -5c_1 + 3c_2 + \frac{9}{17} + 12 = -1$ である．これらを解いて，$c_1 = \frac{419}{136}, c_2 = \frac{85}{136}$ である．以上より，初期値問題の解は

$$y(x) = \frac{419}{136}e^{-5x} + \frac{85}{136}e^{3x} - \frac{12}{17}\cos 3x + \frac{3}{17}\sin 3x + 3e^{4x}$$

である．

2 (1) 三角関数の公式より，$13\cos^2 x = 13\frac{\cos 2x + 1}{2}$ である．特性多項式は $P(\lambda) = \lambda^2 - 6\lambda + 9 = (\lambda - 3)^2$ と因数分解されるので，一般解は

$$y(x) = (c_1 + c_2 x)e^{3x} + K\cos 2x + L\sin 2x + M$$

の形である．特殊解 $\bar{y}(x) = K\cos 2x + L\sin 2x + M$ とその微分

$$\bar{y}'(x) = -2K\sin 2x + 2L\cos 2x,$$
$$\bar{y}''(x) = -4K\cos 2x - 4L\sin 2x$$

を方程式に代入すると，

$$(-4K-12L+9K)\cos 2x + (-4L+12K+9L)\sin 2x + 9M = \frac{13}{2}\cos 2x + \frac{13}{2}$$

である．係数を比較して $5K - 12L = \frac{13}{2}, 12K + 5L = 0, 9M = \frac{13}{2}$ が得られ，これらを解いて $K = \frac{5}{26}, L = -\frac{6}{13}, M = \frac{13}{18}$ となるので，一般解は

$$y(x) = (c_1 + c_2 x)e^{3x} + \frac{5}{26}\cos 2x - \frac{6}{13}\sin 2x + \frac{13}{18}$$

である．

(2) 三角関数の公式より，$\sin^2 x = \frac{1-\cos 2x}{2}$ である．特性多項式は $P(\lambda) = \lambda^3 + 4\lambda = \lambda(\lambda - 2i)(\lambda + 2i)$ と因数分解されるので，一般解は

5. 定数係数の線形微分方程式

の形である。特殊解 $\bar{y}(x) = Kx\cos 2x + Lx\sin 2 + Mx$ とその微分

$$\bar{y}'(x) = K\cos 2x + L\sin 2x - 2Kx\sin 2x + 2Lx\cos 2x + M,$$
$$\bar{y}''(x) = -4K\sin 2x + 4L\cos 2x - 4Kx\cos 2x - 4Lx\sin 2x,$$
$$\bar{y}'''(x) = -12K\cos 2x - 12L\sin 2x + 8Kx\sin 2x - 8Lx\cos 2x$$

$$y(x) = c_1 + c_2\cos 2x + c_3\sin 2x + Kx\cos 2x + Lx\sin 2x + Mx$$

を方程式に代入すると，

$$-8K\cos 2x - 8L\sin 2x + 4M = -\frac{1}{2}\cos 2x + \frac{1}{2}$$

である。係数を比較して $K = \frac{1}{16}, L = 0, M = \frac{1}{8}$ となるので，一般解は

$$y(x) = c_1 + c_2\cos 2x + c_3\sin 2x + \frac{1}{16}x\cos 2x + \frac{1}{8}x$$

である。

(3) 三角関数の公式より，$10\sin x\cos 3x = 5\sin 4x - 5\sin 2x$ である。特性多項式は $P(\lambda) = \lambda^2 + 3\lambda + 2 = (\lambda+1)(\lambda+2)$ と因数分解されるので，一般解は

$$y(x) = c_1 e^{-x} + c_2 e^{-2x} + K\cos 4x + L\sin 4x + M\cos 2x + N\sin 2x$$

の形である。特殊解 $\bar{y}(x) = K\cos 4x + L\sin 4x + M\cos 2x + N\sin 2x$ とその微分

$$\bar{y}'(x) = -4K\sin 4x + 4L\cos 4x - 2M\sin 2x + 2N\cos 2x,$$
$$\bar{y}''(x) = -16K\cos 4x - 16L\sin 4x - 4M\cos 2x - 4N\sin 2x$$

を方程式に代入すると，

$$(-14K + 12L)\cos 4x + (-12K - 14L)\sin 4x + (-2M + 6N)\cos 2x$$
$$+ (-6M + 2N)\sin 2x = 5\sin 4x - 5\sin 2x$$

である。係数を比較して $-14K + 12L = 0, -12K - 14L = 5, -2M + 6N = 0, -6M - 2N = -5$ である。これらを解いて $K = -\frac{3}{17}, L = -\frac{7}{34}, M = -\frac{3}{4}, N = -\frac{1}{4}$ となるので，一般解は

$$y(x) = c_1 e^{-x} + c_2 e^{-2x} - \frac{3}{17}\cos 4x - \frac{7}{34}\sin 4x - \frac{3}{4}\cos 2x - \frac{1}{4}\sin 2x$$

である。

(4) 三角関数の公式より，$2\cos x\cos 2x = \cos x + \cos 3x$ である。特性多項式は $P(\lambda) = \lambda^3 - \lambda^2 + 9\lambda - 9 = (\lambda-1)(\lambda-3i)(\lambda+3i)$ と因数分解されるので，一般解は

$$y(x) = c_1 e^x + c_2\cos 3x + c_3\sin 3x + K\cos x + L\sin x + Mx\cos 3x + Nx\sin 3x$$

の形である。特殊解

とその微分

$$\bar{y}(x) = K\cos x + L\sin x + Mx\cos 3x + Nx\sin 3x$$

とその微分

$$\bar{y}'(x) = -K\sin x + L\cos x + M\cos 3x + N\sin 3x$$
$$- 3Mx\sin 3x + 3Nx\cos 3x,$$
$$\bar{y}''(x) = -K\cos x - L\sin x - 6M\sin 3x + 6N\cos 3x$$
$$- 9Mx\cos 3x - 9Nx\sin 3x,$$
$$\bar{y}'''(x) = K\sin x - L\cos x - 27M\cos 3x - 27N\sin 3x$$
$$+ 27Mx\sin 3x - 27Nx\cos 3x$$

を方程式に代入すると,

$$(-8K + 8L)\cos x + (-8K - 8L)\sin x$$
$$+ (-18M - 6N)\cos 3x + (6M - 18N)\sin 3x$$
$$= \cos x + \cos 3x$$

である。係数を比較して

$$-8K + 8L = 1, -8K - 8L = 0, -18M - 6N = 1, 6M - 18N = 0$$

である。これらを解いて $K = -\frac{1}{16}, L = \frac{1}{16}, M = -\frac{1}{20}, N = -\frac{1}{60}$ となるので, 一般解は

$$y(x) = c_1 e^x + c_2 \cos 3x + c_3 \sin 3x$$
$$- \frac{1}{16}\cos x + \frac{1}{16}\sin x - \frac{1}{20}x\cos 3x - \frac{1}{60}x\sin 3x$$

である。

(5) $(e^x - 1)^2 = e^{2x} - 2e^x + 1$ である。特性多項式は $P(\lambda) = \lambda^3 - 3\lambda - 2 = (\lambda - 2)(\lambda + 1)^2$ と因数分解される。$P(2) = 0, P'(2) = 9 \neq 0, P(1) = -4 \neq 0$ であるから, 一般解は

$$y(x) = c_1 e^{2x} + (c_2 + c_3 x)e^{-x} + \frac{xe^{2x}}{P'(2)} - \frac{2e^x}{P(1)} - \frac{1}{2}$$
$$= c_1 e^{2x} + (c_2 + c_3 x)e^{-x} + \frac{xe^{2x}}{9} + \frac{e^x}{2} - \frac{1}{2}$$

である。

3 (1) θ が十分に小さく, $\sin\theta$ は θ と近似できるので, 与式は

$$m\ell\frac{d^2\theta}{dt^2} + mg\theta = 0$$

であり, 両辺を $m\ell$ で割って, $\frac{d^2\theta}{dt^2} + \frac{g}{\ell}\theta = 0$ と書ける。特性多項式は $\lambda^2 + \frac{g}{\ell} = \left(\lambda - i\sqrt{\frac{g}{\ell}}\right)\left(\lambda + i\sqrt{\frac{g}{\ell}}\right)$ と因数分解されるので, 一般解は

$$\theta(t) = c_1 \cos\sqrt{\frac{g}{\ell}}t + c_2 \sin\sqrt{\frac{g}{\ell}}t$$

5. 定数係数の線形微分方程式

の形である。また，この両辺を t で微分すると

$$\theta'(t) = \sqrt{\frac{g}{\ell}}\left(-c_1 \sin\sqrt{\frac{g}{\ell}}t + c_2 \cos\sqrt{\frac{g}{\ell}}t\right)$$

である。題意より初期値は，$\theta(0) = \theta_0, \theta'(0) = 0$ であるから，$\theta(0) = c_1 = \theta_0, \theta'(0) = \sqrt{\frac{g}{\ell}}c_2 = 0$ となり $c_1 = \theta_0, c_2 = 0$ が得られる。従って，求める解は

$$\theta(t) = \theta_0 \cos\sqrt{\frac{g}{\ell}}t$$

である。

(2) 振り子の周期を T とすると $\sqrt{\frac{g}{\ell}}T = 2\pi$ であるので，振り子の周期は

$$T = 2\pi\sqrt{\frac{\ell}{g}}$$

である。これは，周期 T が振幅によらず一定であることを示している。

4 $m\frac{d^2x}{dt^2} + c\frac{dx}{dt} + kx = F_0 \cos\omega_0 t$ の両辺を m で割って

$$\frac{d^2x}{dt^2} + \frac{c}{m}\frac{dx}{dt} + \frac{k}{m}x = \frac{F_0}{m}\cos\omega_0 t$$

である。特性多項式は $P(\lambda) = \lambda^2 + \frac{c}{m}\lambda + \frac{k}{m}$ であり，$c \neq 0$ と $c = 0$ の場合に分けて考える。

i) $c \neq 0$ の場合: $c^2 - 4km$ の符号により，さらに次の 3 つの場合に分けて考える。

(a) $c^2 - 4km > 0$ の場合
$P(\lambda) = 0$ は，異なる実数解

$$\lambda_1 = -\frac{c}{2m} - \frac{1}{m}\sqrt{c^2 - 4km}, \quad \lambda_2 = -\frac{c}{2m} + \frac{1}{m}\sqrt{c^2 - 4km}$$

を持つので，一般解は

$$x(t) = c_1 e^{\lambda_1 t} + c_2 e^{\lambda_2 t} + K\cos\omega_0 t + L\sin\omega_0 t$$

の形である。特殊解 $\bar{x}(t) = K\cos\omega_0 t + L\sin\omega_0 t$ とその微分

$$\bar{x}'(t) = -\omega_0 K \sin\omega_0 t + \omega_0 L \cos\omega_0 t,$$
$$\bar{x}''(t) = -\omega_0^2 K \cos\omega_0 t - \omega_0^2 L \sin\omega_0$$

を方程式に代入して

$$\bar{x}''(t) + \frac{c}{m}\bar{x}'(t) + \frac{k}{m}\bar{x}''(t) = -\omega_0^2 K\cos\omega_0 t - \omega_0^2 L\sin\omega_0$$
$$+ \frac{c}{m}\left(-\omega_0 K\sin\omega_0 t + \omega_0 L\cos\omega_0 t\right)$$
$$+ \frac{k}{m}\left(K\cos\omega_0 t + L\sin\omega_0 t\right)$$

$$= \frac{F_0}{m} \cos \omega_0 t$$

が得られ，係数を比較して $\sqrt{\frac{k}{m}} = \omega (> 0)$ と置くと

$$\left(\omega^2 - \omega_0^2\right) K + \frac{c\omega_0}{m} L = \frac{F_0}{m}, \quad \left(\omega^2 - \omega_0^2\right) L - \frac{c\omega_0}{m} K = 0$$

である。これを解いて

$$K = \frac{m(\omega^2 - \omega_0^2)}{m^2(\omega^2 - \omega_0^2)^2 + c^2\omega_0^2} F_0, \quad L = \frac{c\omega_0}{m^2(\omega^2 - \omega_0^2)^2 + c^2\omega_0^2} F_0$$

が得られる。$[m^2(\omega^2 - \omega_0^2)^2 + c^2\omega_0^2](K^2 + L^2) = F_0^2$ に注意して，$\phi = \arctan \frac{c\omega_0}{m(\omega^2 - \omega_0^2)}$ を用いれば，一般解は

$$x(t) = c_1 e^{\lambda_1 t} + c_2 e^{\lambda_2 t} + \frac{F_0}{\sqrt{m^2(\omega^2 - \omega_0^2)^2 + c^2\omega_0^2}} \cos(\omega_0 t - \phi)$$

である。

(b) $c^2 - 4km < 0$ の場合
$P(\lambda) = 0$ の解は，複素共役解

$$\lambda_1 = -\alpha - \omega i, \quad \lambda_2 = -\alpha + \omega i$$

$$\left(\text{ただし}, \ \alpha = \frac{c}{2m}, \omega = \frac{1}{m}\sqrt{4km - c^2}\right)$$

をもつので，一般解は

$$x(t) = e^{-\alpha t}(c_1 \cos \omega t + c_2 \sin \omega t)$$
$$+ \frac{F_0}{\sqrt{m^2(\omega^2 - \omega_0^2)^2 + c^2\omega_0^2}} \cos(\omega_0 t - \phi)$$
$$= Ce^{-\alpha t}\cos(\omega t - \delta) + \frac{F_0}{\sqrt{m^2(\omega^2 - \omega_0^2)^2 + c^2\omega_0^2}} \cos(\omega_0 t - \phi)$$

$$\left(\text{ただし}, \ C = \sqrt{c_1^2 + c_2^2}, \quad \delta = \arctan \frac{c_2}{c_1}\right)$$

である。

(c) $c^2 - 4km = 0$ の場合
$P(\lambda) = 0$ は，重解 $-\frac{c}{2m} = -\alpha$ をもつので，一般解は

$$x(t) = (c_1 + c_2 t)e^{-\alpha t} + \frac{F_0}{\sqrt{m^2(\omega^2 - \omega_0^2)^2 + c^2\omega_0^2}} \cos(\omega_0 t - \phi)$$

である。

ii) $c = 0$ の場合

5. 定数係数の線形微分方程式

特性多項式は $\lambda^2 + \frac{k}{m} = \left(\lambda - i\sqrt{\frac{k}{m}}\right)\left(\lambda + i\sqrt{\frac{k}{m}}\right)$ と因数分解されるので，$\sqrt{\frac{k}{m}} = \omega$ の値により，さらに次の 2 つの場合に分けて考える。

(a) $\sqrt{\frac{k}{m}} = \omega \neq \omega_0$ の場合

特殊解の係数は，i)(a) で $c = 0$ と置いた場合であるから，$K = \frac{F_0}{m(\omega^2 - \omega_0^2)}$，$L = 0$，$\phi = 0$ となる。よって，一般解は

$$x(t) = c_1 \cos \omega t + c_2 \sin \omega t + \frac{F_0}{m(\omega^2 - \omega_0^2)} \cos \omega_0 t$$
$$= C \cos(\omega t - \delta) + \frac{F_0}{m(\omega^2 - \omega_0^2)} \cos \omega_0 t$$
$$\left(\text{ただし，} C = \sqrt{c_1^2 + c_2^2}, \quad \delta = \arctan \frac{c_2}{c_1}\right)$$

である。

(b) $\sqrt{\frac{k}{m}} = \omega_0$ の場合

一般解は

$$x(t) = c_1 \cos \omega_0 t + c_2 \sin \omega_0 t + Kt \cos \omega_0 t + Lt \sin \omega_0 t$$

の形である。特殊解 $\bar{x}(t) = Kt \cos \omega_0 t + Lt \sin \omega_0 t$ とその微分

$\bar{x}'(t) = K \cos \omega_0 t + L \sin \omega_0 t - \omega_0 Kt \sin \omega_0 t + \omega_0 Lt \cos \omega_0 t,$
$\bar{x}''(t) = -2\omega_0 K \sin \omega_0 t + 2\omega_0 L \cos \omega_0 t - \omega_0^2 Kt \cos \omega_0 t - \omega_0^2 Lt \sin \omega_0 t$

を方程式に代入すると

$$2\omega_0 K \sin \omega_0 t + 2\omega_0 L \cos \omega_0 t = \frac{F_0}{m} \cos \omega_0 t$$

であり，係数を比較して $K = 0, L = \frac{F_0}{2m\omega_0}$ が得られる。一般解は

$$x(t) = c_1 \cos \omega_0 t + \left(c_2 + \frac{F_0}{2m\omega_0} t\right) \sin \omega_0 t$$

である。

5 $L \frac{d^2 I}{dt^2} + R \frac{dI}{dt} + \frac{1}{C} I = i\omega_0 E_0 e^{i\omega_0 t}$ の両辺を L で割って

$$\frac{d^2 I}{dt^2} + \frac{R}{L} \frac{dI}{dt} + \frac{1}{CL} I = i\omega_0 \frac{E_0}{L} e^{i\omega_0 t}$$

である。特性多項式は $P(\lambda) = \lambda^2 + \frac{R}{L}\lambda + \frac{1}{CL}$ であり，$R \neq 0$ と $R = 0$ の場合に分けて考える。

i) $R \neq 0$ の場合：$R^2 - \frac{4L}{C}$ の符号により，さらに次の 3 つの場合に分けて考える。

(a) $R^2 - \frac{4L}{C} \neq 0$ の場合
$P(\lambda) = 0$ は，異なる解

$$\lambda_1 = -\frac{R}{2L} - \frac{1}{2L}\sqrt{R^2 - \frac{4L}{C}}, \quad \lambda_2 = -\frac{R}{2L} + \frac{1}{2L}\sqrt{R^2 - \frac{4L}{C}}$$

を持つ。$P(i\omega_0) \neq 0$ であるので，一般解は

$$\begin{aligned}
I(t) &= c_1 e^{\lambda_1 t} + c_2 e^{\lambda_2 t} + i\omega_0 \frac{E_0}{L} \frac{1}{P(i\omega_0)} e^{i\omega_0 t} \\
&= c_1 e^{\lambda_1 t} + c_2 e^{\lambda_2 t} + i\frac{E_0}{\frac{1}{\omega_0 C} - \omega_0 L + iR} e^{i\omega_0 t} \\
&= c_1 e^{\lambda_1 t} + c_2 e^{\lambda_2 t} + \frac{E_0}{R + i\left(\omega_0 L - \frac{1}{\omega_0 C}\right)} e^{i\omega_0 t} \\
&= c_1 e^{\lambda_1 t} + c_2 e^{\lambda_2 t} + \frac{E_0}{|Z|e^{i\phi}} e^{i\omega_0 t} \\
&= c_1 e^{\lambda_1 t} + c_2 e^{\lambda_2 t} + \frac{E_0}{|Z|} e^{i(\omega_0 t - \phi)}
\end{aligned}$$

である。ただし，$X = \omega_0 L - \frac{1}{\omega_0 C}, Z = R + iX, \phi = \arctan \frac{X}{R}$ である。
特に $R^2 - \frac{4L}{C} < 0$ の場合，$\alpha = \frac{R}{2L}, \beta = \frac{1}{2L}\sqrt{\frac{4L}{C} - R^2}$ として，一般解は

$$\begin{aligned}
I(t) &= e^{-\alpha t}(\tilde{c}_1 \cos \beta t + \tilde{c}_2 \sin \beta t) + \frac{E_0}{|Z|} e^{i(\omega_0 t - \phi)} \\
&= Ce^{-\alpha t} \cos(\beta t - \delta) + \frac{E_0}{|Z|} e^{i(\omega_0 t - \phi)}
\end{aligned}$$

となる。ただし，$C = \sqrt{\tilde{c}_1^2 + \tilde{c}_2^2}, \quad \delta = \arctan \frac{\tilde{c}_2}{\tilde{c}_1}$ である。

(b) $R^2 - \frac{4L}{C} = 0$ の場合
$P(\lambda) = 0$ は，重解 $-\frac{R}{2L} = -\alpha$ をもつので，一般解は

$$I(t) = (c_1 + c_2 t)e^{-\alpha t} + \frac{E_0}{|Z|} e^{i(\omega_0 t - \phi)}$$

である。

ii) $R = 0$ の場合
i)(a) の後半で，$\alpha = 0, Z = iX$ の場合である。特性多項式は

$$P(\lambda) = \lambda^2 + \frac{1}{CL} = \left(\lambda - i\sqrt{\frac{1}{CL}}\right)\left(\lambda + i\sqrt{\frac{1}{CL}}\right)$$

と因数分解されるので，$\sqrt{\frac{1}{CL}} = \omega$ の値により，さらに次の 2 つの場合に分けて考える。

(a) $\sqrt{\frac{1}{CL}} = \omega \neq \omega_0$ の場合

$P(i\omega_0) \neq 0$ であるから，一般解は

$$I(t) = c_1 \cos \omega t + c_2 \sin \omega t + i\omega_0 \frac{E_0}{L} \frac{1}{P(i\omega_0)} e^{i\omega_0 t}$$

$$= C \cos(\omega t - \delta) + \frac{E_0}{i\left(\omega_0 L - \frac{1}{\omega_0 C}\right)} e^{i\omega_0 t}$$

$$= C \cos(\omega t - \delta) + \frac{E_0}{|X| e^{i\frac{\pi}{2}}} e^{i\omega_0 t}$$

$$= C \cos(\omega t - \delta) + \frac{E_0}{|X|} e^{i\left(\omega_0 t - \frac{\pi}{2}\right)}$$

$$\left(\text{ただし，} C = \sqrt{c_1^2 + c_2^2}, \quad \delta = \arctan \frac{c_2}{c_1}\right)$$

である。

(b) $\sqrt{\frac{1}{CL}} = \omega_0$ の場合

$P(\pm i\omega_0) = 0, P'(i\omega_0) = 2i\omega_0$ であるから，一般解は

$$I(t) = c_1 \cos \omega_0 t + c_2 \sin \omega_0 t + i\omega_0 \frac{E_0}{L} \frac{1}{P'(i\omega_0)} t e^{i\omega_0 t}$$

$$= C \cos(\omega_0 t - \delta) + \frac{E_0}{2L} t e^{i\omega_0 t}$$

$$\left(\text{ただし，} C = \sqrt{c_1^2 + c_2^2}, \quad \delta = \arctan \frac{c_2}{c_1}\right)$$

である。

Eulerの公式から $E(t) = E_0 e^{i\omega_0 t} = E_0 \cos \omega_0 t + i E_0 \sin \omega_0 t$ である。したがって，$E(t) = E_0 \cos \omega_0 t$ の場合の解は，$\Re(I(t))$ として求められることに注意せよ。

6. 連立線形微分方程式

問 6.1 (1) 固有値は $\lambda_1 = -2, \lambda_2 = 3$，固有ベクトルは $\boldsymbol{v}_1 = \begin{pmatrix} 1 \\ -1 \end{pmatrix}, \boldsymbol{v}_2 = \begin{pmatrix} 4 \\ 1 \end{pmatrix}$ (定数倍の自由度あり)。これを用いて，

$$e^{xA} = \frac{1}{5} \begin{pmatrix} e^{-2x} + 4e^{3x} & -4e^{-2x} + 4e^{3x} \\ -e^{-2x} + e^{3x} & 4e^{-2x} + e^{3x} \end{pmatrix}.$$

e^{xA} の各列が $\boldsymbol{y}'(x) = A\boldsymbol{y}(x)$ の基本解を与えるといえるが，例6.4の最後に述べた通り $e^{\lambda_1 x} \boldsymbol{v}_1, e^{\lambda_2 x} \boldsymbol{v}_2$ を基本解に選んでもよい。

(2) 固有値は $\lambda_1 = 1+2i, \lambda_2 = 1-2i$，固有ベクトルは $\boldsymbol{v}_1 = \begin{pmatrix} 1 \\ -2i \end{pmatrix}, \boldsymbol{v}_2 = \begin{pmatrix} 1 \\ 2i \end{pmatrix}$.

これを用いて,
$$e^{xA} = \frac{e^x}{2}\begin{pmatrix} 2\cos 2x & -\sin 2x \\ 4\sin 2x & 2\cos 2x \end{pmatrix}.$$
(1) と同様に $e^{\lambda_1 x}\boldsymbol{v}_1, e^{\lambda_2 x}\boldsymbol{v}_2$ を基本解としてもよいが, これらは複素数値関数。適当な線形結合をとることで実関数としての基本解を得られるが, e^{xA} の第 1, 2 列がその形。

問 6.2 (1) $x\lambda E$ と xU は可換であり, 定理 6.1 の 2 と 1 から等式が示される。

(2) U^k は $(i, i+k)$ 成分 $(i = 1, 2, \cdots, r-k)$ のみ 1 で他はすべて 0 の上三角行列 (単位行列の対角成分を k だけ右上にずらした形)。特に, $k \geqq r$ のとき $U^k = O$.

(3) (2) より e^{xU} の級数は有限項 (U^{r-1} の項まで) となり, 題意の等式がいえる。(1), (2) の結果とあわせて, $e^{xJ(\lambda, r)}$ が (6.17) の形になることもわかる。

問 6.3 (1) 固有値は $\lambda = 2$ で重複, 固有ベクトルも $\boldsymbol{v}_1 = \begin{pmatrix} 1 \\ 2 \end{pmatrix}$ の定数倍のみ。

(2) 例えば $\boldsymbol{v}_2 = \begin{pmatrix} 1 \\ 1 \end{pmatrix}$. ただし, 方程式右辺を上記 $\boldsymbol{v}_1$ の α 倍 ($\alpha \neq 0$) とした場合は $\boldsymbol{v}_2$ もこの α 倍。また, いずれの場合も $\boldsymbol{v}_2$ には $\boldsymbol{v}_1$ の任意定数倍を加える自由度がある $((A - \lambda E)\boldsymbol{v}_1 = \boldsymbol{0}$ に注意)。

(3) $P = \begin{pmatrix} 1 & 1 \\ 2 & 1 \end{pmatrix}$ として実際に計算すれば, $\tilde{A} = P^{-1}AP = \begin{pmatrix} 2 & 1 \\ 0 & 2 \end{pmatrix}$ と Jordan 標準形になる。$e^{x\tilde{A}} = e^{2x}\begin{pmatrix} 1 & x \\ 0 & 1 \end{pmatrix}$ に注意して,
$$e^{xA} = e^{2x}\begin{pmatrix} 2x+1 & -x \\ 4x & -2x+1 \end{pmatrix}.$$

問 6.4 c_1, c_2 を任意定数として,

(1) $y_1(x) = c_1 e^{2x} - \dfrac{c_2}{3}e^{-2x}, y_2(x) = c_1 e^{2x} + c_2 e^{-2x}$.

(2) $y_1(x) = \dfrac{1}{2}e^{2x}\{-c_1(\sin x + \cos x) + c_2(\sin x - \cos x)\}$,
$y_2(x) = e^{2x}(c_1 \sin x + c_2 \cos x)$.

(3) $y_1(x) = -e^x\{2c_1 + c_2(2x+1)\}, y_2(x) = e^x(c_1 + c_2 x)$.

問 6.5 c, c_1, c_2 を任意定数として,

(1) $y_1(x) = ce^x - \dfrac{1}{2}(x+1), y_2(x) = -\dfrac{1}{2}(x+1)$.

(2) $y_1(x) = (-c_1 x + c_2)e^x - x - 2, y_2(x) = c_1 e^x - x - 2$.

問 6.6 以下, c, c_1, c_2 は任意定数とする。

(1) $\det P(D) = D^2 - 3D = D(D-3)$. 一般解は $\boldsymbol{y}(x) = c_1 \begin{pmatrix} 2 \\ 1 \end{pmatrix} + c_2 e^{3x}\begin{pmatrix} 1 \\ 2 \end{pmatrix}$.

6. 連立線形微分方程式　　　　　　　　　　　　　　　　　　　　　　　　　　161

(1) $\det P(D) = 3D + 9 = 3(D+3)$. 一般解は $\boldsymbol{y}(x) = ce^{-3x}\begin{pmatrix}11\\-4\end{pmatrix}$.

章末問題 6

1 (1) $\begin{pmatrix}-3e^x+4e^{2x} & 3e^x-3e^{2x}\\-4e^x+4e^{2x} & 4e^x-3e^{2x}\end{pmatrix}$,

(2) $\begin{pmatrix}3-2e^{-x} & -1+e^{-x}\\6-6e^{-x} & -2+3e^{-x}\end{pmatrix}$,

(3) $\begin{pmatrix}\cos 3x+\frac{1}{3}\sin 3x & \frac{5}{3}\sin 3x\\-\frac{2}{3}\sin 3x & \cos 3x-\frac{1}{3}\sin 3x\end{pmatrix}$,

(4) $\begin{pmatrix}e^{2x}(\cos 3x+\frac{1}{3}\sin 3x) & \frac{5}{3}e^{2x}\sin 3x\\-\frac{2}{3}e^{2x}\sin 3x & e^{2x}(\cos 3x-\frac{1}{3}\sin 3x)\end{pmatrix}$,

(5) $\begin{pmatrix}e^{3x} & 0\\0 & e^{3x}\end{pmatrix}$,

(6) $\begin{pmatrix}(x+1)e^{3x} & xe^{3x}\\-xe^{3x} & (-x+1)e^{3x}\end{pmatrix}$.

2 (3) では $\cosh\alpha = \frac{1}{2}(e^\alpha+e^{-\alpha})$, $\sinh\alpha = \frac{1}{2}(e^\alpha-e^{-\alpha})$ を用いた。

(1) $\begin{pmatrix}2e^{2x}-e^{3x} & e^{2x}-e^{3x} & 0\\-2e^{2x}+2e^{3x} & -e^{2x}+2e^{3x} & 0\\e^x-e^{3x} & e^x-e^{3x} & e^x\end{pmatrix}$,

(2) $e^{2x}\begin{pmatrix}1-2x+\frac{1}{2}x^2 & 2x-\frac{1}{2}x^2 & -x+\frac{1}{2}x^2\\-x+\frac{1}{2}x^2 & 1+x-\frac{1}{2}x^2 & \frac{1}{2}x^2\\x & -x & 1+x\end{pmatrix}$,

(3) $\begin{pmatrix}\cosh 2x & 0 & \frac{1}{2}\sinh 2x & 0\\0 & \cosh 3x & 0 & \frac{1}{3}\sinh 3x\\2\sinh 2x & 0 & \cosh 2x & 0\\0 & 3\sinh 3x & 0 & \cosh 3x\end{pmatrix}$,

3 以下，c_1, c_2 は任意定数とする。

(1) $y_1(x) = c_1 + c_2 e^{-3x}$, $\quad\quad\quad y_2(x) = -c_1 + 2c_2 e^{-3x}$.

(2) $y_1(x) = \frac{c_1}{2} - c_2 e^{-3x} + xe^{2x}$, $\quad y_2(x) = c_1 + c_2 e^{-3x}$.

(3) $y_1(x) = -3c_1 e^{-\frac{1}{3}x} + 2c_2 e^{\frac{1}{3}x} + x$, $\quad y_2(x) = c_1 e^{-\frac{1}{3}x} + c_2 e^{\frac{1}{3}x} + 1$.

(4) $y_1(x) = -\frac{3}{5}\sin x - \frac{2}{5}\cos x$, $\quad y_2(x) = \frac{4}{5}\sin x - \frac{4}{5}\cos x$.

4 以下, c_1, c_2 は任意定数とする.

(1) $y_1(x) = \frac{2}{5}c_1 \cos 2x - \frac{2}{5}c_2 \sin 2x$, $\qquad y_2(x) = c_1 \sin 2x + c_2 \cos 2x$.

(2) $y_1(x) = 3c_1 e^x$, $\qquad y_2(x) = 3c_1 e^x$, $\qquad y_3(x) = c_1 e^x + c_2 e^{-5x}$.

5 連立線形微分方程式 (6.3) の第 1 式を変形して

$$y_2(t) = 3\frac{m}{k}D^2 y_1(t) + 2y_1(t) \qquad (*)$$

を得る. ただし, ここでは $D = \frac{d}{dt}$ とする. (*) と, (*) の両辺を 2 階微分した (両辺に D^2 をかけた) 式を第 2 式に代入, 整理することで, $y_1(t)$ に関する単独の方程式

$$\left(6\frac{m^2}{k^2}D^4 + 7\frac{m}{k}D^2 + 1\right)y_1(t) = \left(6\frac{m}{k}D^2 + 1\right)\left(\frac{m}{k}D^2 + 1\right)y_1(t) = 0 \qquad (\dagger)$$

が導かれる. (†) を解いて $y_1(t)$ の一般解を得て, さらに, それを (*) に代入することで

$$y_1(t) = c_1 \cos \alpha t + c_2 \sin \alpha t + c_3 \cos \beta t + c_4 \sin \beta t,$$
$$y_2(t) = \frac{3}{2}c_1 \cos \alpha t + \frac{3}{2}c_2 \sin \alpha t - c_3 \cos \beta t - c_4 \sin \beta t$$

と (6.3) の一般解が求まる. ここで, $\alpha = \sqrt{\frac{k}{6m}}, \beta = \sqrt{\frac{k}{m}}$ とした.

なお, 消去法のもう 1 つの方法, すなわち, 全体に演算子行列の余因子行列をかけることで未知関数ごとの単独方程式に帰着させる方法で解いてもよい. この場合, 得られる単独方程式はすべて (†) の形で, その一般解は上記 $y_1(t)$ の一般解と同じ形になる. $y_1(t)$ と $y_2(t)$ で別々に導入された任意定数の間の関係は, これらを (6.3) の第 1 式, または, 第 2 式に代入することで定まり, 上記と同じ一般解が求まる.

7. 偏微分方程式

問 7.1 略.

問 7.2 略.

問 7.3 $u = \frac{1}{2}\log(x^2 + y^2)$ を x で偏微分すると

$$u_x = \frac{x}{x^2 + y^2}, \; u_{xx} = \frac{y^2 - x^2}{(x^2 + y^2)^2}$$

となる. y についても同様にして $u_{yy} = \frac{x^2 - y^2}{(x^2 + y^2)^2}$ となる. これらを加えて, $u_{xx} + u_{yy} = 0$ が得られる.

問 7.4 $u = (x^2 + y^2 + z^2)^{-\frac{1}{2}}$ を x で偏微分すると

7. 偏微分方程式

$$u_x = -x(x^2+y^2+z^2)^{-\frac{3}{2}}, \ u_{xx} = (2x^2-y^2-z^2)(x^2+y^2+z^2)^{-\frac{5}{2}}$$

となる。y, z についても同様にして

$$u_{yy} = (2y^2-z^2-x^2)(x^2+y^2+z^2)^{-\frac{5}{2}},$$
$$u_{zz} = (2z^2-x^2-y^2)(x^2+y^2+z^2)^{-\frac{5}{2}}$$

となる。これらを加えて，$u_{xx}+u_{yy}+u_{zz}=0$ が得られる。

問 7.5 初期値境界値問題 (7.5) において $k=1$, $L=\pi$, $f(x)=2\sin x+\sin 2x$ とする。このとき $\lambda_n=n^2$ であり，c_n は (7.9) に補題 7.1 を用いると

$$c_n = \frac{2}{\pi}\int_0^\pi (2\sin x + \sin 2x)\sin nx\, dx = \begin{cases} 2 & (n=1), \\ 1 & (n=2), \\ 0 & (n \geq 3) \end{cases}$$

である。よって解 (7.10) は

$$u(x,t) = \sum_{n=1}^\infty c_n e^{-n^2 t}\sin nx = 2e^{-t}\sin x + e^{-4t}\sin 2x$$

である。

問 7.6 初期値境界値問題 (7.11) において $c=1$, $L=\pi$, $f(x)=2\sin 2x$, $g(x)=\sin x$ とする。このとき $\lambda_n=n^2$ であり，A_n, B_n は (7.15), (7.16) に補題 7.1 を用いると

$$A_n = \frac{2}{\pi}\int_0^\pi 2\sin 2x\sin nx\, dx = \begin{cases} 2 & (n=2), \\ 0 & (n\neq 2), \end{cases}$$
$$B_n = \frac{2}{n\pi}\int_0^\pi \sin x\sin nx\, dx = \begin{cases} 1 & (n=1), \\ 0 & (n\neq 1) \end{cases}$$

である。よって解 (7.17) は

$$u(x,t) = \sum_{n=1}^\infty (A_n\cos nt + B_n\sin nt)\sin nx = \sin t\sin x + 2\cos 2t\sin 2x$$

である。

問 7.7 (7.19), (7.20) は補題 7.1 と同様に示される。(7.21), (7.22) は (7.18) の両辺に $\cos mx$, $\sin mx$ をかけて $-\pi \leq x \leq \pi$ で積分すればよい。

問 7.8 第 1 の等式は

$$\begin{aligned}e^{ix}e^{iy} &= (\cos x+i\sin x)(\cos y+i\sin y) \\ &= \cos x\cos y-\sin x\sin y+i(\sin x\cos y+\cos x\sin y) \\ &= \cos(x+y)+i\sin(x+y) = e^{i(x+y)}\end{aligned}$$

よりわかる。第 2 の等式は，$n = 0, 1$ の場合は明らか。$n \geq 2$ の場合は第 1 の等式を繰り返し用いればよい。$n \leq -1$ の場合を示す。第 1 の等式より $e^{ix}e^{-ix} = e^0 = 1$ であるので $(e^{ix})^{-1} = e^{-ix}$ である。よって $n = -m$ と表せば，$(e^{ix})^n = (e^{ix})^{-m} = (e^{-ix})^m = e^{-imx} = e^{inx}$ となる。

問 7.9 略。

問 7.10 積分区間を $(-\infty, 0]$ と $[0, \infty)$ に分けて計算する。$a > 0$ のとき $|e^{-(a+i\xi)x}| = e^{-ax} \to 0 \ (x \to \infty)$ であることなどに注意して

$$2\pi \widehat{f}(\xi) = \int_{-\infty}^{\infty} e^{-a|x|} e^{-i\xi x} \, dx$$

$$= \int_{-\infty}^{0} e^{(a-i\xi)x} \, dx + \int_{0}^{\infty} e^{-(a+i\xi)x} \, dx$$

$$= \left[\frac{1}{a-i\xi} e^{(a-i\xi)x} \right]_{-\infty}^{0} + \left[-\frac{1}{a+i\xi} e^{-(a+i\xi)x} \right]_{0}^{\infty}$$

$$= \frac{1}{a-i\xi} + \frac{1}{a+i\xi}$$

$$= \frac{2a}{a^2 + \xi^2}$$

となる。この両辺を 2π で割ればよい。

問 7.11　(1) $(4k\pi t)^{\frac{1}{2}} E = e^{-\frac{x^2}{4kt}}$ の両辺を微分する。x で微分すると

$$(4k\pi t)^{\frac{1}{2}} E_x = -\frac{x}{2kt} e^{-\frac{x^2}{4kt}},$$

$$(4k\pi t)^{\frac{1}{2}} E_{xx} = -\frac{1}{2kt} \left(1 - \frac{x^2}{2kt} \right) e^{-\frac{x^2}{4kt}}$$

となる。よって

$$E_{xx} = \left(\frac{x^2}{4k^2 t^2} - \frac{1}{2kt} \right) E$$

である。一方，t で微分すると

$$\frac{1}{2} (4k\pi t)^{-\frac{1}{2}} \cdot 4k\pi E + (4k\pi t)^{\frac{1}{2}} E_t = \frac{x^2}{4kt^2} e^{-\frac{x^2}{4kt}}.$$

両辺を $(4k\pi t)^{\frac{1}{2}}$ で割って整理すると

$$E_t = \left(\frac{x^2}{4kt^2} - \frac{1}{2t} \right) E$$

となる。ゆえに $E_t = k E_{xx}$ である。

(2) $\frac{x}{\sqrt{4kt}} = y$ として置換積分を行い，$\int_{-\infty}^{\infty} e^{-y^2} \, dy = \sqrt{\pi}$ を用いればよい。

問 7.12 $f(x) = e^{-x^2}$ に対して，熱方程式の Cauchy 問題の解 (7.29) を計算する。

7. 偏微分方程式

$$u(x,t) = \int_{-\infty}^{\infty} \frac{1}{\sqrt{4k\pi t}} e^{-\frac{(x-y)^2}{4kt}} e^{-y^2} dy$$
$$= \frac{1}{\sqrt{4k\pi t}} \int_{-\infty}^{\infty} e^{-\frac{1+4kt}{4kt}(y-\frac{x}{1+4kt})^2 - \frac{x^2}{1+4kt}} dy$$

となる。$y - \frac{x}{1+4kt} = \sqrt{\frac{4kt}{1+4kt}} z$ と置換すると

$$u(x,t) = \frac{1}{\sqrt{(1+4kt)\pi}} e^{-\frac{x^2}{1+4kt}} \int_{-\infty}^{\infty} e^{-z^2} dz = \frac{1}{\sqrt{1+4kt}} e^{-\frac{x^2}{1+4kt}}$$

を得る。

問 7.13 略。

問 7.14 d'Alembert の公式 (7.31) に代入して

$$u(x,t) = \frac{1}{2}(e^{x+t} + e^{x-t}) + \frac{1}{2}\int_{x-t}^{x+t} \sin\xi \, d\xi$$
$$= \frac{1}{2}(e^{x+t} + e^{x-t}) - \frac{1}{2}(\cos(x+t) - \cos(x-t))$$
$$= \frac{1}{2}(e^{x+t} + e^{x-t}) + \sin x \sin t$$

となる。

章末問題 7

1 (1) 補題 7.1 と同様に示される。

(2) (7.5) と同様である。ただし $X(x)$ の境界条件は $X'(x) = 0$, $X(L) = 0$ となることに注意する。c_n を求めるときに (1) を用いて，$\lambda_n, c_n, u(x,t)$ は

$$\lambda_n = \left(\frac{2n+1}{2}\right)^2 \frac{\pi^2}{L^2},$$
$$c_n = \frac{2}{L} \int_0^L f(x) \cos\frac{(2n+1)\pi x}{2L} dx,$$
$$u(x,t) = \sum_{n=0}^{\infty} c_n e^{-\lambda_n kt} \cos\sqrt{\lambda_n} x$$

となる。

2 (7.11) と同様である。ただし $X(x)$ の境界条件は $X'(x) = 0$, $X'(L) = 0$ となることに注意する。$\lambda_n, A_n, B_n, u(x,t)$ は

$$\lambda_n = \frac{n^2\pi^2}{L^2},$$

$$A_n = \frac{2}{L}\int_0^L f(x)\cos\frac{n\pi x}{L}\,dx,$$
$$B_n = 0,$$
$$u(x,t) = \frac{1}{2}A_0 + \sum_{n=1}^\infty A_n \cos\sqrt{\lambda_n}x \cos\sqrt{\lambda_n}ct$$

となる。

3 u の x に関する Fourier 変換を
$$\widehat{u}(\xi,y) = \frac{1}{2\pi}\int_{-\infty}^\infty u(x,y)e^{-i\xi x}\,dx$$
と表す。方程式の両辺を x について Fourier 変換すると
$$\begin{cases} \dfrac{d^2}{dy^2}\widehat{u} = \xi^2 \widehat{u}, \\ \widehat{u}(\xi,0) = \widehat{f}(\xi) \end{cases}$$
となる。この微分方程式の一般解は $\widehat{u}(\xi,y) = c_1(\xi)e^{|\xi|y} + c_2(\xi)e^{-|\xi|y}$ である。条件より $y\to\infty$ のとき $u\to 0$, したがって $\widehat{u}\to 0$ となるので $c_1(\xi)\equiv 0$ であることになる。さらに初期条件より
$$\widehat{u}(\xi,y) = \widehat{f}(\xi)e^{-|\xi|y}$$
を得る。あとは熱方程式の Cauchy 問題 (7.28) のときと同様にする。その際, $g(\xi) = e^{-|\xi|y}$ として問 7.10 より $\widehat{g}(\eta) = \dfrac{y}{\pi(y^2+\eta^2)}$ を得ることに注意する。求める解は
$$u(x,y) = \int_{-\infty}^\infty f(\eta)\widehat{g}(\eta-x)\,d\eta = \frac{1}{\pi}\int_{-\infty}^\infty \frac{y}{y^2+(\eta-x)^2}f(\eta)\,d\eta$$
となる。

4 $\widehat{u}(\xi,t)$ を求めるところまでは (7.28) の場合と同様である。
$$\widehat{u}(\xi,t) = \widehat{u}(\xi,0)e^{-i\xi^2 t} = \frac{1}{\sqrt{4\pi}}e^{-\frac{\xi^2}{4}}e^{-i\xi^2 t} = \frac{1}{\sqrt{4\pi}}e^{-\frac{\xi^2}{4a}}.$$
ここで $a = \dfrac{1}{1+4it}$ である。

a の実部は $\dfrac{1}{1+16t^2} > 0$ であるから補題 7.2 の 2 を $g(x) = \sqrt{4a\pi}e^{-ax^2}$ に適用すると, $\widehat{g}(\xi) = e^{\frac{-\xi^2}{4a}}$ である。これは $e^{\frac{-\xi^2}{4a}}$ の逆 Fourier 変換が $g(x)$ であることを意味する。したがって
$$u(x,t) = \frac{1}{\sqrt{4\pi}}g(x) = \sqrt{a}e^{-ax^2} = \frac{1}{\sqrt{1+4it}}e^{-\frac{\xi^2}{1+4it}}$$
が得られる。これは問 7.12 の解で $k = i$ としたものに等しい。

索　引

あ　行

一次従属　43
一次独立　35, 43
1 階線形微分方程式　16
一般解　2, 10
一般化固有ベクトル　95
延長解　30
延長可能な解　31
延長不能な解　31
Euler の公式　94, 120

か　行

解　2
階数低下法　47
Gauss 核　125
拡散係数　111
拡散方程式　111
確定特異点　54
基本解　36, 43, 125
基本行列　40, 44
逆 Fouricr 変換　122
級数解法　53
行列の指数関数　90
局所 Lipschitz 条件　30
決定方程式　55
Cauchy 問題　121
固有多項式　60

さ　行

指数　54
自明解　10, 34

た　行

定数変化公式　17, 40, 44
定数変化法　17, 39, 50
常微分方程式　1
初期条件　4, 24
初期値　4
初期値問題　4
Jordan 標準形　95
Jordan ブロック　98
正規形　2, 22
正則点　53

た　行

d'Alembert の公式　126
調和振動　7
定数係数微分演算子　101
同次 (形)　34, 42
同次形　12, 16
解く　2
特異解　2, 10
特殊解　2
特性解　60
特性根　60
特性多項式　60

な　行

任意定数　2
熱核　125
熱伝導係数　111
熱伝導方程式　111
熱方程式　111

は 行

波動方程式　112
半減期　5
Picard の逐次近似法　27
非同次 (形)　34
非同次形　16
微分演算子　101
微分方程式　1
Fick の法則　111
Fourier 級数　120
Fourier 級数の複素形式　120
Fourier 係数　120
Fourier の反転公式　122
Fourier の法則　111
Fourier の方法　117
Fourier 変換　122
複素 Fourier 級数　120
複素 Fourier 係数　121
フラックス　111
Peano-Bekaer 級数　42
Bernoulli の微分方程式　19
変数係数微分演算子　101
変数分離形　9
変数分離の方法　117
偏微分方程式　1

ま 行

Malthus の法則　5

や 行

余因子　35, 43
余因子行列　107

ら 行

Lagrange の定数変化公式　45, 52
Laplacian　111
Laplace 作用素　111
Laplace 方程式　113
Riccati の微分方程式　20
Lipschitz 条件　26
流速　111
Liouville の公式　37, 44
レゾルベント　40
ロジスティック方程式　6
Lotka-Volterra 被食捕食モデル　88
Wronskian　36, 43
Wronski 行列　36, 43

著者略歴

石 渡 哲 哉
（いしわた　てつや）

- 1998年　早稲田大学大学院理工学研究科博士課程修了
- 現　在　芝浦工業大学システム理工学部教授，博士（理学）

井戸川 知 之
（いどがわ　ともゆき）

- 1993年　早稲田大学大学院理工学研究科博士課程修了
- 現　在　芝浦工業大学システム理工学部教授，博士（理学）

江 頭 信 二
（えがしら　しんじ）

- 1993年　東京大学大学院数理科学研究科博士課程修了
- 現　在　埼玉大学大学院理工学研究科助教，博士（数理科学）

榎 本 裕 子
（えのもと　ゆうこ）

- 2003年　早稲田大学大学院理工学研究科博士課程修了
- 現　在　芝浦工業大学システム理工学部准教授，博士（理学）

竹 内 慎 吾
（たけうち　しんご）

- 2000年　早稲田大学大学院理工学研究科博士課程修了
- 現　在　芝浦工業大学システム理工学部教授，博士（理学）

明 連 広 昭
（みょうれん　ひろあき）

- 1989年　広島大学大学院理工学研究科博士課程中途退学
- 現　在　埼玉大学大学院理工学研究科教授，博士（工学）

編著者略歴

長 澤 壯 之
（ながさわ　たけゆき）

- 1988年　慶應義塾大学大学院理工学研究科博士課程修了
- 現　在　埼玉大学大学院理工学研究科教授，理学博士

Ⓒ　長澤壯之　2014

2014年4月16日　初版発行
2020年9月25日　初版第3刷発行

理工学のための
微分方程式

編著者　長澤壯之
発行者　山本　格
発行所　株式会社　培風館
東京都千代田区九段南4-3-12・郵便番号102-8260
電話(03)3262-5256（代表）・振替00140-7-44725

中央印刷・牧製本
PRINTED IN JAPAN

ISBN978-4-563-01152-9　C3041